クラウドでデータ活用!
データ基盤
の設計パターン

川上 明久、小泉 篤史、大嶋 和幸、
石川 大希、堀 義洋、角林 則和 著

日経BP

はじめに

　技術の進歩によって、データ基盤設計のトレンドは変化し続けています。ルーチンワークは自動化されて手間がかからなくなっていくとともに、新しいコンセプトの技術が出てきて、設計、統制のための新たなやり方が出てきています。これは終わることのない変化で、スピードは加速しています。

　カナダのトルドー首相の名言に次の言葉があります。
「今ほど変化のペースが速い時代は過去になかった。だが今後、今ほど変化が遅い時代も二度とこないだろう」

　まさにデータ基盤にも当てはまる言葉で、これからも加速度的な変化を続けていくと考えています。ここ数年、データ基盤に大きなインパクトを与えているのはクラウドとデジタル化です。デジタル化という社会的なニーズは、データ基盤にこれまでにない特性を要求します。スピードと柔軟性、多様なデータを扱えることです。クラウドという技術的イノベーションは、この要求に最もよく応えるインフラを提供することになりました。

　ビジネス環境の変化が大きくなっていく中で、デジタル化へ取り組んでいくとシステムも大きく変化していきます。システムを支えるデータ基盤も変化に強いものでなければなりません。

　従来のように、決まった要件通りに構築したらできるだけ変えずにひたすら安定運用を目標にするスタイルは、受け入れられづらくなっています。筆者はこういった安定運用の現場にも携わってきた経験から、日本企業が達成しているシステムの運用品質は海外に比べて非常に高く、その価値を過小評価するものではありません。しかし、デジタル化の波にさらされている業界では、安定していると同時に柔軟性を求める圧力がかかってきているのです。この流れは継続的で、強くなっていくと考えています。

　いかにして変化に柔軟に対応し、変化を生かすデータ基盤を作るのかが、これからの我々に課せられた課題です。

　では、何を学べばいいのでしょうか。

　私が社会人になった頃より、習得すべきナレッジがとても多くなっていると感じます。例えば、クラウドの出現によってOSやミドルウエア、ハードウエアの知識はいらなくなるという考え方がありますが、実際にはクラウドで性能を引き

出して安定して運用するには、OS、ミドルウエア、ハードウエアの知見が必要です。新しい技術は、これまでの技術資産の蓄積の上に作られているものがほとんどで、その技術的特性に影響されるからです。ベースとなっている技術を深く理解していくほど、より品質を高めることができます。技術が発展していくにつれ、品質の良いシステムを作るのに必要なナレッジは膨大なものになっていくでしょう（若い方はたいへんだと思います）。

これからデータ基盤に関わっていく方には、これまでに蓄積された情報とノウハウを効率良く吸収する「高速学習」が必要です。

次々と出てくるデータ基盤技術を表面的に理解して使っていくだけでは、オペレーションをしているだけで、付加価値のある仕事はできません。高速学習して、課題解決を考えることに時間とエネルギーを使っていく必要があります。

学習すべきなのは、データ基盤の優れたアーキテクチャーを設計する方法と、品質を高めるためのベースとなるOSやミドルウエア、ハードウエアの知識です。

本書は、このうち前者の方、データ基盤のアーキテクチャーを設計する際の参考にしていただくために書いています。中でも、クラウドで、デジタル化などのデータ活用で利用されるデータ基盤やデータレイクにフォーカスして、新たな技術を使ってどのようなアーキテクチャーを設計できるのか、その設計パターンを説明しています。

パターン化して説明することによって、大づかみでデータ基盤設計のバリエーションとその特徴を理解できると考えるからです。読者にとって、本書が新しいデータ基盤技術とアーキテクチャー設計を効率良く理解して、アーキテクチャーを考える参考になれば幸いです。

もう一つ力を入れたのが、企業がIoT（Internet of Things）やデータ分析などのデジタル化に取り組みたい、といった今日的なビジネス課題に対応する際に、どのようにデータ基盤構築を進めるか、その解決例を示すことです。ビジネス上の課題を抱える架空の企業例を挙げて、クラウドを使ったデータ基盤で問題解決するというストーリーを展開しています。

その解決策となるデータ基盤についても、設計パターンと実際のプロジェクトで遭遇しやすい課題への対応方法を解説しています。具体的にイメージしていただきやすいよう、クラウドで利用されることの多いAWS（Amazon Web

Services）と Microsoft Azure、特徴的なデータ基盤設計ができる Oracle Cloud Infrastructure で設計した場合の構成図と設計例を掲載しています。

　本書は、IT 用語のうち、IaaS（Infrastructure as a Service）や PaaS（Platform as a Service）、RDB などの、インフラやデータベースに関わる基本的な用語を理解している方であればスムーズに読み進めていただけると思います。

　データ基盤ではアーキテクチャーに絞っても書くべきことが多くあります。詳細な構築方法、オペレーション、チューニングといった内容は紙面の関係で割愛しました。そういった内容はまた別の機会に発信していきたいと考えています。

　本書は日経 SYSTEMS に連載した内容を、書籍向けに大幅に見直して再構成したものです。日経 SYSTEMS 編集部、編集を担当いただいた森重 和春氏、安藤 正芳氏には深く感謝します。毎回分かりやすい文章に編集していただいたおかげで、書籍としてまとめることができました。

　本書の内容は、株式会社アクアシステムズのメンバーが実際のプロジェクトで経験したことを基に書いています。これまで一緒に仕事をさせていただいた方々や、関わったシステムから多くのヒントをもらったことで、書き上げることができました。良い経験をさせていただいたビジネスパートナー、同僚のみなさんに感謝します。

　最後に、長い執筆を続けることができたのは、家族の理解と協力があったからです。いつも支えてくれている妻の直子に感謝します。

2020 年 7 月　川上 明久

CONTENTS

CONTENTS

本書は「日経 SYSTEMS」2019 年 4 月号〜 2019 年 9 号に掲載した「デジタル化を支える データ基盤の設計パターン」、2019 年 10 月号〜 2020 年 1 月号に掲載した「クラウドで実践！データ基盤の設計パターン」の各連載に加筆・修正して再構成したものです。

第1章
データ基盤の現在

1-1　データ基盤の現在

設計に生かす5つの新常識 データ活用には統制が必須

データ基盤の構築に頭を悩ませているエンジニアは少なくない。設計には大きく3つのパターンがあり、自社に合わせた選択が肝要だ。データ基盤の設計パターンと基盤を活用できる組織体系を解説する。

　現在、デジタルトランスフォーメーション（DX）の流れを受けて、多くの企業が「大規模なデータ収集」「高精度の分析能力」「リアルタイムな処理能力」を実現できるデータ基盤の構築を目指しています。ところが、具体的にどう構築すればよいのか、どう設計すべきか、と言われると悩んでしまう人は少なくありません。中には、よく分からないままデータ基盤を構築してしまい、非常に後悔したというケースも見られます。

　本書では、これからデータ基盤の構築や運用を始めようとするエンジニアのために、目指すべきデータ基盤は何か、構築時の注意点は何か、といった内容を解説します。1-1 ではまず、多く利用されているデータ基盤の設計パターンと、データ基盤を活用できる組織体系について説明します。

データ基盤の5つの新常識

　データ基盤は、企業の利益を左右するビジネスの意思決定に欠かせません。例えば、1カ月後に開催されるイベントにどのぐらい集客があるのか、新規店舗をどの場所に出店すべきか、といったことをデータ基盤を活用して分析できなければ、機会損失が発生してしまうでしょう。スタッフを何人ぐらい集めるべきか、商品をどのぐらい仕入れればよいか、といったことが分からないからです。このような意思決定を人の経験や勘に頼って決めてしまうと、現実と大きなズレが生じてしまいます。

　データ基盤を活用して精度の高い分析ができれば、経営者や責任者がより高い利益を得るための判断を下しやすくなります。最近では、センサーやモバイル端

末といったIoT（インターネット・オブ・シングズ）の技術が発展し、収集・分析するデータ量が大幅に増えています。また、AI（人工知能）技術の発展により、データの分析や仮説検証を人の経験や勘だけに頼るのは時代遅れとなりました。大規模なデータをAIを駆使して分析することで、現実とのズレがなくなり機会損失を最小限に抑えることが可能になります。

　つまり、現在のデータ基盤には、より膨大なデータを蓄積したり、それらのデータをAIなどでリアルタイムに分析したりする能力が求められているのです。

　このような要求に対して、従来のデータ基盤とは異なる様々なタイプのデータベースが生まれ、多様な構成が考えられています。まだ発展途上の段階なので、最善手と呼べるものは確立されていません。ですが、ビジネスの競争を勝ち抜くために、DXでいかに先手を取るかをテーマに模索が続いています。

　現在のデータ基盤における5つの新常識を紹介します（**表1**）。DXの流れを受けて、現在のデータ基盤には、これまでとは異なる処理能力が必要になっていることが分かるでしょう。

　1つめは、現在のデータ基盤のシステム形態は変化が激しく、寿命がとても短いということです。構築したばかりのシステムが1年単位でどんどん変化します。そのため、柔軟に構成を変更できるように設計しなければなりません。

　2つめは、扱うデータサイズが大きくなっていることです。ビッグデータという単語を聞いたことがあるでしょう。ビッグデータは、一般的なデータベースで

表1 データ基盤の新常識

項目	これまで	新常識
システムの形態	変化が緩やか （5年ごとにリニューアル）	変化が激しい （1〜2年でリニューアル）
データのサイズ	ギガバイト〜数テラバイト	数テラバイト 〜数十テラバイト
データの種類	構造化データ 半構造化データ	構造化データ 半構造化データ 非構造化データ
データベースの種類	RDBMS中心 Analyticは一部	RDBMS NoSQL Analytic
参照・分析要件	翌日に分析	当日すぐに分析

RDBMS: Relational DataBase Management System

は収集・分析が困難な巨大なデータの集まりです。そのデータサイズは、数ペタ
バイトに達することすらあります[*1]。現在のデータ基盤は、このような膨大なデー
タサイズに対応しなければなりません。

　3つめは、扱うデータの種類が増えたことです。以前のデータ基盤は、主にテー
ブル構造にデータを格納してSQLを使ってデータを操作する「構造化データ」
だけに対応すれば事足りていました。ところが現在のデータ基盤は、テーブル構
造に格納可能ではあるものの、データの一部を見ただけではテーブル構造への格
納が難しい「半構造化データ」や、データ内に規則性に関する情報がなく、テー
ブル構造に格納できない「非構造化データ」にも対応しなければなりません（**図
1**）。このように、半構造化データや非構造化データを扱うことが当たり前になっ
ています。

　4つめは、データベースの種類が増えたことです。従来は、RDBMSや

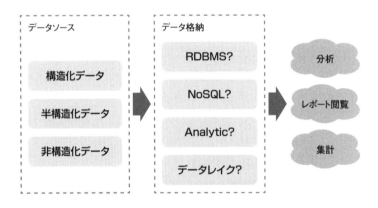

図1 データ基盤の構成

*1

ビッグデータには、Variety（データの多様性）、Volume（データ量）、Velocity（データ生成の速度）の「3V」と言
われる特徴がある。Varietyは、テーブル構造のデータだけでなくJSONや画像、動画、グラフやドキュメントなど様々
なフォーマット形式を指す。Volumeは、テラバイトよりさらに上のペタバイトやエクサバイトのサイズを示す。
Velocityは、データをリアルタイム（Velocity）に活用できることを指す。

*2

データ基盤の中でも特に大量のデータを格納し、大量のデータを分散して処理する目的で使用される。大きく分け
てDWH（データウエアハウス）とHadoopに分類される。

Analytic[*2] に分類されるデータベースを使うのが一般的でした。しかし現在は、構造化データ以外のデータを扱いやすい NoSQL といったデータベースを使う例が多くなっています。

　5つめは、蓄積したデータをリアルタイムに参照したり、分析したりしなければならないことです。夜間バッチで処理し、結果の閲覧や分析は翌日以降という時代は終わりました。現在は、リアルタイムに参照・分析できることが必須要件になっています。

　このように従来と常識が変わり、データソースやデータを格納するデータベースが変化しています。結果としてデータ基盤がより複雑になっているのです。

データ基盤の設計パターンと選び方

　具体的にデータ基盤の設計パターンを紹介します。今回はよく使われるデータ基盤の構成を「データレイク型」「統合型」「分散型」の3パターンに分けて、その特徴と選択する基準や注意点を紹介していきます（**表2**）。

データレイク型のデータ基盤

　まず、データレイク型のデータ基盤を紹介します。特徴は、データレイクと呼ばれる巨大なストレージが存在することです。全てのデータをいったん集めて、用途に応じて取り出し、加工して活用します。イメージは、ネットワークトポロジーのスター型のような構成です（**図2**）。

　データレイクへのインプットは、RDBMS からエクスポートしたデータや、アプリケーションから送られるログ、SNS のログ、センサー端末から送られるデー

表2 データ基盤の3つの設計パターン

	データレイク型	統合型	分散型
柔軟性・拡張性	◎	△	○
コスト	○	△	◎
難易度	△（難しい）	◎（簡単）	△（難しい）
サイロ化への対応	◎（簡単）	◎（簡単）	△（難しい）
ビッグデータ対応	◎	△	○

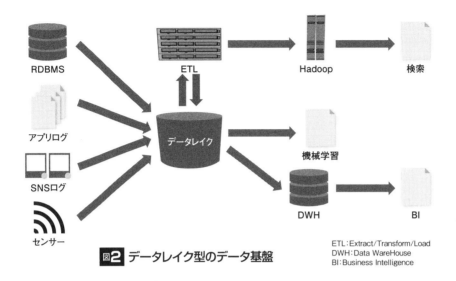

図2 データレイク型のデータ基盤

ETL：Extract/Transform/Load
DWH：Data WareHouse
BI：Business Intelligence

タなどがあります。格納するデータのフォーマットも多様で、CSV やドキュメント、ログ、PDF、XML、画像、音声、動画など様々です。データレイク型では、これらのデータを未加工のまま保存します。

　データレイクからのアウトプットは、多種多様なデータベースや処理基盤に渡されます。このとき、データレイクから取り出したデータは、ETL（抽出・変換・ロード）ツールなどでクレンジングや加工を施します。

　データレイク型には、主に3つのメリットがあります。1つめは、データを一元管理できることです。一般的に新規システムが追加されると、個々のデータ基盤が他のデータ基盤と連携できず、自己完結して孤立してしまう状態が発生します。これをデータのサイロ化と呼びます。ですが、データレイク型は1カ所にデータを集めるので、サイロ化が起こりにくくなります。つまり、ここで挙げた3つのデータ基盤の中では、大規模なデータを扱うのに最も適した構成と言えます。

　2つめのメリットは、インプット側のシステムとアウトプット側のシステムを完全に分離できることです。今は使うか分からないデータも取りあえず蓄積しておく、といった処理を実現できます。

　疎結合なアーキテクチャーなのでデータ基盤としての柔軟性も高く、アジャイル開発にも適しています。デジタル化に取り組む組織は、PoC（概念検証）を高

速に繰り返すことが多々あります。データレイク型であれば、既存のシステムに
影響を与えずに素早く必要なデータだけを利用できます。

　ただし、データレイク型には3つのデメリットがあります。1つめのデメリッ
トは、設計の自由度が高い半面、構築の難易度が高くなることです。データレイ
クを構成する製品は、OSSを含めて数多く存在します。その組み合わせも無数
にあります。しかし、決定版と呼べる定石が完成していませんし、マニュアルや
技術資料もあまり整備されていません。そのため、構築を担当するエンジニアに
高いスキルが要求されます。

　2つめは、せっかく蓄積してもデータを十分に活用するのが難しい点です。こ
れは、データを効率良く分析する仕組みづくりが難しいのが原因です。未加工デー
タをクレンジングして価値のあるデータに変換する、という難易度の高い課題を
解決しなければなりません。

　3つめは、運用や監視の仕組みを独自に設計しなければならない点です。デー
タレイクには、統合管理ツールが用意されているわけではありません。各システ
ムを個別に監視・管理しなければならないのです。このため、運用がとても複雑
になります。

　以上のメリットとデメリットを踏まえると、

・最先端のデータ基盤を構築したい
・アジャイル開発に慣れている
・高いスキルを持つメンバーを有し、統制できる
・大規模なデータを扱おうとしている

といった企業に向いていると言えるでしょう。

統合型のデータ基盤

　続いて、統合型のデータ基盤を紹介します。統合型と次に説明する分散型のデー
タ基盤は、データレイク型と比べると、レガシーな構成になります。しかし、レ
ガシーだからといって選択の余地がないわけではありません。メリットもありま
す。

15

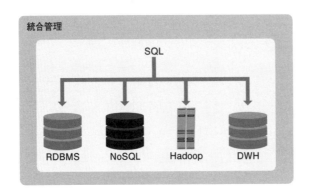

図3 統合型のデータ基盤

　統合型は、1つの製品にRDBMSやNoSQL、Analyticの機能が集約された構成になるという特徴があります（**図3**）。例えば、商用RDBMSです。商用RDBMSの中には、RDBMSの機能以外にもNoSQLやAnalyticの機能を備えているものがあります。

　1つの製品に機能が集約されることには、主に3つのメリットがあります。

　1つめのメリットは、あらかじめ利用ケースが想定された製品であるため、組み合わせのバリエーションが少なく、構築担当者が設計に悩むことが少ないということです。必要な機能やデータベースが既に備わっているので、構成を決める際に多くの時間を費やさずに済みます。また、提供するベンダーによっては、マニュアルや技術資料が充実しています。

　2つめのメリットは、製品に便利な機能が備わっている点です。製品の独自機能によって、本来ならSQLで操作できない非構造化データにアクセスできるインターフェースが提供されている場合もあります。セキュリティーの設計も考慮されています。これは、統合型の一番のメリットと言えます。

　また、運用を手助けする統合管理ツールが提供されています。これが3つめのメリットです。システム全体を1つのツールで管理できるので、監視や監査、パッチのバージョン管理など、多くの運用タスクを軽減できるでしょう。データを統合して管理できるため、データのサイロ化も起こりにくくなります。

　ただし、統合型にもデメリットはあります。ここで、3つ紹介しましょう。

　1つめは、システム構成を細かく設定できない点です。例えば、ハードウエア構成はあらかじめ松竹梅などと決められています。エンジニアは、その中から選択しなければなりません。CPUやメモリーを細かくサイジングできないので、企業が希望する最適な構成を選択できず、無駄なコストが発生する場合があります。統合型のデータ基盤に含まれない製品を、自由に選ぶこともできません。データレイク型に比べて、柔軟性は低いでしょう。

　2つめのデメリットは、費用が高くなる傾向がある点です。製品の購入費用や保守料金などは、他の設計パターンに比べて高いことが多いと言えます。

　3つめは、データレイク型のように使うかどうか分からないが取りあえず保存しておく、といった処理が困難です。統合型のデータ基盤は、データ基盤内のデータベースが対応する形式に合わせてデータを加工し、格納しなければなりません。使わないデータをわざわざ加工して格納するのは無駄なので、使うデータだけを厳選して格納することになります。

　これらが統合型の特徴です。ベンダーに設計や構築を依頼すると、統合型のデータ基盤を提案されるケースが多いと言えます。また導入を検討している企業の中には、「データレイクは自社のエンジニアには使いこなせない。中堅レベルのエンジニアでも使える基盤をサクッと作ってほしい。システムの面倒はベンダーに見てほしい」といったニーズが意外とあります。このような場合に、統合型はとても重宝されます。

　ちなみに筆者らは、統合型のデータ基盤はベンダーロックインにつながるリスクがあると考えています。ベンダーが提案するRDBMSやNoSQL、Analyticは、使いやすいようにSQLで操作できるように工夫されています。ですが、オープンではない独自機能に依存すると、将来の自由度が奪われる不安が残ります。これらを踏まえると、統合型のデータ基盤は、
・難しいことはベンダーに任せ、素早く導入したい
・経験や実績がないので、完成されたシステムを使いたい
といった企業に向いていると言えます。

分散型のデータ基盤
　最後に分散型のデータ基盤を説明します。特徴は、RDBMSやNoSQL、

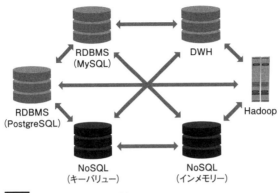

図4 分散型のデータ基盤

Analytic のデータベースが分散していて、それぞれが個別にデータ連携をしながら処理をすることです。ネットワークトポロジーに例えると、メッシュ型のような構成です（**図4**）。

　分散型では、特に制限なく製品を選択できます。ハードウエア構成も最適なリソースで構築でき、データレイク型と同様に自由度の高い設計が可能です。そのため、様々なデータフォーマットごとに製品を選べます。また、分散型のデータ基盤は、既存のシステムを変更せずに必要なデータベースを追加できます。こうして徐々にデータ基盤が充実していきます。段階的に投資できるのは大きなメリットでしょう。

　このように説明すると、全てを分散型で構築すればよいのではと思ってしまいますが、そう簡単な話ではありません。分散型のデータ基盤には注意点が多くあります。ここで、デメリットを4つ紹介します。

　1つめのデメリットは設計の難易度が高いこと、2つめは運用管理が複雑になることです。これらのデメリットは、データレイク型と重複するため割愛します。

　3つめのデメリットは、データがサイロ化しやすいことです。分散型はデータを一元管理しない構成なので、その分設計の自由度が高いと言えます。これがサイロ化しやすい要因となります。

　サイロ化を防ぐには、初期の段階でシステムが増えることを想定して設計しなければなりません。適切に設計できなければ、データの連携が複雑になり、管理

が困難になります。こうなるとデータ基盤全体の柔軟性が低下し、デジタル化の足かせになりかねません。

　4つめは、各製品間のデータ連携のインターフェースを独自で構築する必要があることです。それぞれのデータベースを連携しますが、統合型のようにインターフェースが提供されているわけではありません。これらは独自で用意しなければなりません。

　筆者らの経験では、分散型のデータ基盤の設計をベンダーに依頼するのは難しいと考えています。ベンダーに対して新たなシステム開発を委託した場合、ベンダーは委託された範囲でのシステム開発に責任を持ちます。システム間のデータ連携や、全体でデータの一貫性を保つことにまで責任を求めることは難しく、自社で管理する必要があるからです。基本的にそれぞれのデータベースを自社で統制する力とスキルが求められるでしょう。

　このような事実から、分散型のデータ基盤を採用するのは、
・既存システムを流用してデータ基盤を充実させたい
・ノウハウや経験があり、自由度の高い設計にしたい
といった企業が向いていると言えます。

忘れてならない設計要素

　ここまで、データ基盤の設計パターンを紹介しました。ですが、データ基盤を構築しただけでは、新たな価値を発見したり、既存の課題を解決したりすることは難しいと言えます。データ基盤上のデータを統制する「データガバナンス」の取り組みが不可欠です。

　データガバナンスとは、「データ資産の管理を統制（計画・監視・執行）すること」です。より簡潔に言えば「必要な人に必要なだけのデータを確実に届けること」に相当します。

　先ほど、分散型のデータ基盤はデータがサイロ化しやすいというデメリットを紹介しました。ここで重要なのは、サイロ化する問題は設計パターンだけが原因ではないということです。サイロ化してしまうのは、データが統制されていないからです。企業やベンダーに「データガバナンス」の重要性が十分に理解されず、上流工程でデータ統制を考慮していなければサイロ化を招きます。

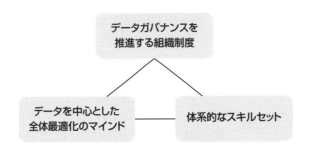

図5 データ基盤を活用できる組織に必要な3要素

　間違ったガバナンスを制定してしまえば、必要なデータがそろわず分析できません。機会損失にもつながるでしょう。また、過剰なデータが付与されれば、データ漏洩といったリスクにもつながります。つまり、必要な人間に過不足なくデータを提供できるデータガバナンスが重要なのです。

データ基盤を活用する組織に必要な3要素

　データ基盤を活用できる組織にするには、「組織制度」「マインド」「スキル」の3要素が大切です（**図5**）。

　まず、「組織制度」から説明します。最近では、ビッグデータという言葉が普及したため、CDO（Chief Data Officer）という役職を配置し、データ管理部門を設ける企業が増えてきました。データガバナンスを推進するには、この役職や部門が重要となります。専門部門がデータに関する戦略やポリシー、ルールを作り、組織全体で遵守するようにします。これらが正常に機能していないと、組織全体でデータの整合性が取れず、サイロ化が進んでしまいます。

　次に「マインド」です。重要なのは、個別最適ではなく全体最適を考えることです。自身が所属する部門や特定部門だけの最適化ではなく、企業・組織全体として最適な状態に導くことが必要です。各部門だけの最適化では、同じデータが分散したり、データの精度が違ったりして、データ変換に無駄なリソースを費やします。

　また、全体最適を考えることは、データを中心に考えることに相当します。データは事実を表しており、変わることが少ないと言えます。そのため、データを中

心とすることで、ビジネスの移り変わりで業務プロセスが変わったとしても、デー
タはそのままでプログラム部分の改修だけで済みます。

　最後に、「スキル」です。データガバナンスに必要なスキルは多岐にわたります。
例えば、データモデリングの知識、RDBMS や ETL、ストレージなどの製品に関
する知識、システムのアーキテクチャーに関する知識、組織の将来を見据えた想
像力やデータガバナンスを取り仕切るマネジメントの知識、などが必要です。さ
らに、技術は常に進化しており、覚えることも増えます。

　これら全部を 1 人でカバーするのは不可能でしょう。そのため、組織全体で必
要なスキルセットをカバーすることが重要です。なお、技術の移り変わりは非常
に早く、新たな技術や方法論が次々に生み出されています。どんな技術や方法論
を組織内に取り入れるのかを判断するために、外部コミュニティーを活用するこ
とも有効です。

　筆者らもデータガバナンス、データ基盤に関わるコミュニティーに属して、様々
な情報を発信・収集しています。同じ課題を抱えた人たちと話をすると、多くの
ヒントを得られるものです。

　ここでは、データ基盤の設計パターンと、データ基盤を活用するために欠かせ
ないデータガバナンスの概要を説明しました。次章からは、データ基盤の設計パ
ターンである、統合型、分散型、データレイク型を解説していきます。

第2章

データ基盤 3 パターン

2-1　分散型と統合型データ基盤

スキルと連携コストで判断
分散型はツールでリスク回避

RDBMS で対応できない処理が増え、NoSQL の利用が加速する。統合型は高額になるが、データ基盤を構築するスキルがない企業には有効である。分散型はデータ連携が難しく、スキルと設計力が必要となる。

　ここでは、「統合型」と「分散型」のデータ基盤の設計パターンと、設計のポイントを説明します。2つの設計パターンは、異なる思想から生まれたアーキテクチャーであり、それぞれにメリットとデメリットがあります。製品も合わせて紹介しますので、ぜひデータ基盤を構築する際の参考にしてください。

非構造化データを扱うにはNoSQL

　設計パターンを説明する前に、最近のデータ基盤に多く用いられる NoSQL を理解しておきましょう。データ基盤をより詳細に理解するには、NoSQL の知識が必要不可欠だからです。

　これまでは、データベースの主役を RDBMS が担ってきました。RDBMS は、SQL によるデータへのアクセス、一貫性の保証、トランザクションのサポートといった優れた機能を備えているため、データ基盤に広く用いられてきました。

　しかし、デジタル化への取り組みが進むにつれて、RDBMS の機能だけでは対応できない処理が増えています。そのため、新たなタイプのデータベースが次々と登場しているのです。

　デジタル化を進めるには、仮説立案と PoC（Proof of Concept：概念実証）を短期間で繰り返します。このスピードがビジネスの成否を決めるといっても過言ではありません。

　例えば、IoT（インターネット・オブ・シングズ）のシステムで PoC を実施する場合を考えてください。このようなシステムでは、非構造化データをとりあえず IoT 機器から取得し、すぐに分析や検証を繰り返すといったニーズがよくあり

ます。ところが、RDBMSを使うと非構造化データをそのままの形で格納できず、対応に時間を要してしまいます。このように、従来はなかったニーズに応えるため、多様なタイプのデータベースが登場しているのです。

　一般的にRDBMS以外の新しいタイプのデータベースを総称して「NoSQL」と呼んでいます。NoSQLは、Not Only SQL（SQLだけではない）という意味です。以前は、ノーSQL（RDBMSを置き換えるもの）とする考え方もありましたが、現在では、用途によってRDBMSと使い分け、共存するという考え方が浸透してきています。多くは、デジタル化で先行している米グーグル（Google）や米フェイスブック（Facebook）などが自社のデジタル化への課題を解決するために生み出したものです。その成り立ちからNoSQLとデジタル化の関係は深く、デジタル化に取り組む際は、NoSQLの利用が当たり前になりつつあります。

NoSQLの4つのデータモデル

　NoSQLは、データモデルの特徴から大きく4つに分類できます（図1）。その多くは「Key」と「Value」の組み合わせでデータを表現します。

　Keyには、RDBMSと同じく格納したレコードを一意に識別できるものを指定

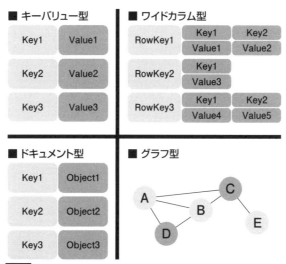

図1 NoSQLの種類とデータモデル

■ キーバリュー型
・キーと値の構造
・高速なパフォーマンス
・揮発性（インメモリー）

■ ワイドカラム型
・カラム指向
・ログなどの大量データの解析に向く

■ ドキュメント型
・非構造化データに対応（JSONやXML）
・ドキュメント内で複雑なデータ構造を表現できる

■ グラフ型
・データ間を結び、複雑な関係を表す（SNSのフレンドの関連性など）

図2 NoSQLの種類と特徴

します。一方、Value に格納する値は自由度が高く、構造化しなくてよいデータベースもあります。設計すべき項目を少なくして設計の手間を省き、効率を上げているのです。ただし、NoSQL はシンプルなデータアクセスに特化しているため、RDBMS のように複数のエンティティーを結合して、複雑な条件の SQL でデータにアクセスすることは苦手です。

主な NoSQL の特徴を示したのが**図2**です。1つずつ見ていきましょう。

・キーバリュー型

古くからある NoSQL のデータモデルがキーバリュー型です。主に軽量なデータをキャッシュするために使われます。メインメモリー上にデータを保持するインメモリーで処理するので、RDBMS より高速処理が可能です。ただし、機能はRDBMS に比べて多くありません。そのため、マスターデータをキャッシュして高速に取得したい場合や、HTTP のセッションを管理する場合などに利用されます。

キーバリュー型のデータモデルに対応する著名なデータベースには、オープンソースソフトウエア（OSS）の「Redis」や「memcached」があります。また商用製品には、米オラクル（Oracle）の「Oracle Coherence」があり、サポートや独自機能を求めるユーザーが使っています。

・ワイドカラム型

キーバリュー型の機能を発展させて、複雑なデータ形式を表現できるようにし

たのがワイドカラム型です。複数列を Value に格納できることや、キーバリュー型に相当する複数行のレコードをグループ化して1つにまとめて扱えること、などが特徴です。アクセスログなど、Key の構造が複数カラムの組み合わせになるようなデータを格納するのに向いています。

　ワイドカラム型のデータモデルに対応する代表的なデータベースが OSS の「Apache Cassandra」です。

・ドキュメント型

　近年、多用されている JSON ファイルなどのドキュメントを格納したり、ドキュメントを処理する API を備えていたりするのがドキュメント型の特徴です。キーバリュー型と同じく Key を作成しますが、Key の対になるのは Value ではなく Object です。この Object には、JSON ファイルなどのドキュメントが入ります。ドキュメント型のデータモデルに対応するデータベースは、OSS の「MongoDB」が最も人気があります。

・グラフ型

　他の3つの NoSQL と大きく異なるデータモデルがグラフ型です。ノードとエッジ、プロパティーの3要素で構成されるデータモデルになります。電車の路線で例えれば、駅に相当するのがノード、駅と駅を結ぶ線路のように関係性を示すのがエッジ、駅名などの属性に相当するのがプロパティーです。

　グラフ型のデータモデルに対応する代表的なデータベースには、OSS の「Neo4j」や「Apache Giraph」があります。また、グラフ型に対応する「Amazon Neptune」といったクラウドサービスもあります。

　グラフ型は、SNS の「知り合いかも」などの予測表示や企業内データ分析のための人間関係の可視化、電車の経路検索などに使われています。

　ここまで NoSQL の4つのデータモデルを説明しました。NoSQL は、機能を大胆にそぎ落とし、RDBMS にはない特徴を持たせたデータベースです。適用領域は狭く、RDBMS の処理の一部を代替するものと言えます。大半の処理は、これまで通り RDBMS で実行すると考えたほうがよいでしょう。このような背景から、

RDBMS と NoSQL が共存することになり、データ基盤全体のアーキテクチャーをどのように設計するかが大きなテーマになっているのです。

RDBMSとは考え方が異なる分析用データベース

分析用にも、独自の進化を遂げたデータベースがあります。分析の用途では特にデータ量が多く、データアクセスの範囲が広くなります。大量のデータ分析を高速に実行するために、まったく独自の発想で高速化を実現しようとしているプロダクトとして Hadoop が広く使われています。Hadoop は大規模なデータでも多くのノードで分散処理することによって一度に大量のデータを処理することができ、データ量が増えても分散処理するためのノード数を増やすことで処理能力を増強できるという特徴をもっています。

ただし、大量データの処理に最適化されているため、軽量な処理を高速に実行することは他のデータベースに比べ苦手です。Hadoop のデータは通常ファイルとして保管、処理されます。データモデルを持つ RDBMS や NoSQL とは考え方が異なります。

分析用には、RDBMS を基にしつつ分析に最適化されているプロダクトも多くあります。Google BigQuery、Amazon Redshift、SAP IQ（旧 Sybase IQ）などです。RDBMS はデータを行単位 (行指向) で格納しますが、これらのデータベースの多くは、列単位（列指向）で格納します。列単位で格納されていると、特定の列を集計、分析する処理が高速になります。

デメリットは INSERT、UPDATE、DELETE 等の更新処理が遅くなる点です。そのため、分析用のデータベースでは、更新の頻度とボリュームが小さいデータを扱うか、更新に時間がかかることを許容してリアルタイム性を犠牲にする、もしくは性能を改善できるようパフォーマンスチューニングできるメンバーを用意する、といった対応を検討します。

様々なデータモデルに対応した統合型製品

NoSQL や分析用データベースの特徴を理解できたでしょうか。それでは、統合型の設計パターンを説明します。統合型には、RDBMS や NoSQL といったデータベースやビッグデータなどを分析する分析用データベースの機能が 1 つの製品

表1 主な統合型データ基盤製品

	Oracle Big Data SQL	Big Data SQL Cloud Service	IBM Integrated Analytics System	Azure Cosmos DB
開発元	米Oracle	米Oracle	米IBM	米Microsoft
提供形態	アプライアンスサーバー	パブリッククラウド	アプライアンスサーバー	パブリッククラウド
利用できるデータベースの種類やインターフェース	Oracle DatabaseやHadoop、Oracle NoSQL Databaseで構成	Oracle DatabaseやHadoop、Oracle NoSQL Databaseのインターフェースに対応	Db2とApache Sparkで構成	SQL、MongoDB、Cassandra、Tables、Gremlinのインターフェースに対応
拡張性	Oracle Exadata、Oracle Big Data Applianceの拡張性に準じる	ノード単位のスケールアップやスケールアウトに対応	1ラック当たりサーバー数3台、5台、7台から選択	コンテナ単位でのスケールアップやスケールアウトに対応
費用	Oracle ExadataとOracle Big Data Applianceの価格	3200ドル/月注2	個別見積もり	SSDストレージが31.64円/月注3とプロビジョニングスループットが1.01円/時間注4

注2:1ノード（320CPU）当たりの価格。他にBig Data Cloud ServiceやOracle Database Exadata Cloud Serviceの費用も必要
注3:1ギガバイト当たりの月額費用　　注4:単一リージョンで100 RU/秒の書き込み性能を確保した場合の参考価格

に集約された構成になるという特徴があります。

　統合型製品を販売するメーカーは、ユーザーが簡単に導入でき、管理が複雑化しにくいように工夫しています。いくつかのデータベースやインターフェースがすぐに使える状態で提供され、それぞれのデータベースを連携させることも容易です。

　例えば、1回のSQLで異なるデータベースに格納されたデータを結合し、検索した結果を取得できます。統合管理ツールが用意されていることも多く、運用管理が楽になります。また、データ基盤を構築するスキルを持ってなくても、メーカーや代理店に導入してもらえます。

　統合型のデータ基盤を実現する製品は、主に**表1**の製品があります。オラクルが提供する「Oracle Big Data SQL」は、RDBMS（Oracle Database）、NoSQL（Oracle NoSQL Database）、分散処理システムのHadoopのデータを、1つのSQLでシームレスに結合できるインターフェースを提供しています（**図3**）。Hadoop用のハードウエアには「Oracle Big Data Appliance」があり、RDBMS用のハードウエアには「Exadata」があります。これらとOracle Big Data SQLを組み合わせれば、統合型のデータ基盤を実現できます。

　またオラクルは、Big Data SQL Cloud Serviceというパブリッククラウド上で

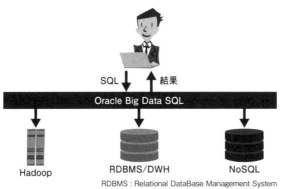

図3 Oracle Big Data SQLの概要

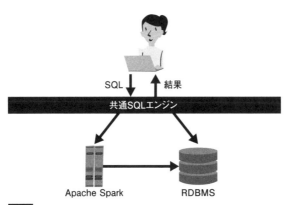

図4 IBM Integrated Analytics Systemの概要

利用できるサービスを提供しています。これを使えば、アプライアンスサーバー
と同じ機能をクラウド上で利用できます。オンプレミスでも、クラウドでも同じ
アーキテクチャーの製品を提供しているのは大きな特徴で、オンプレミスとクラ
ウドとの間で相互に連携したり、移行したりするのが容易になるメリットがあり
ます。

　これまで利用してきた商用データベース製品に、独自のインターフェースを加
えて OSS の NoSQL データベースを統合する形で利用できる製品にしているの
が、データベース製品メーカーらしいといえます。Oracle Database を多く利用

している企業では特にメリットを感じられるでしょう。

　米IBMは「IBM Integrated Analytics System（以下、IIAS）」というアプライアンスサーバーを提供しています（**図4**）。この製品は構造化データ用にRDBMSのDb2、非構造化データ用にApache Sparkを採用しており、この2つを共通SQLエンジン（Common SQL Engine）でデータを共通化して取得できます。

　SparkはHadoopの分散処理エンジンであるMapReduceを発展させた製品です。主な特徴は、メモリーを有効に使い、より高速に処理できるようになっていることと、MapReduceで実現できなかったストリーミングのデータ処理に対応していることです。独自のハードウエア技術で、より高い性能を出せるようにされているのも、ハードウエアを開発しているメーカーのアプライアンス製品が優れているところです。

　米マイクロソフト（Microsoft）はパブリッククラウド上で「Azure Cosmos DB（Cosmos DB）」を提供しています。このサービスは、PaaS（Platform as a Service）でインターフェースを提供しています[1]。先に挙げたキーバリュー型、ドキュメント型、ワイドカラム型、グラフ型のデータモデルを取り込め、SQLでアクセスできます。1つの製品・サービスでこれほど多くのデータモデルを扱えるものは少ないです。新たなタイプのNoSQLを利用したいと考えたときに、新しいサービスの導入をせずにCosmos DBにデータを追加するだけで済むようになり、設計、運用を効率的にできます。

　統合型では、それぞれのメーカーが独自の設計思想で製品を作っていることが見て取れたと思います。メーカーによって統合している範囲や製品の特長が異なります。特徴を理解して、自社に合ったものを選ぶとよいでしょう。

簡易な統合型データ基盤

　データ基盤のアーキテクチャーについて、こんな疑問を持つかもしれません。「そもそも全てのデータを1つのRDBMSに格納して処理してはダメなのか」。

---

[1]
PaaSでは、OSやミドルウエアを管理者として操作できません。製品そのものを管理ユーザーとして利用するのではなく、データベースユーザーのみを利用してデータベース機能を使う形態です。

もっともな考えだと思います。機能拡張されたRDBMS製品を、簡易な統合型として利用するという形態があります。

　例えば、オラクルの製品Oracle Databaseでは、BLOB型やBFILE型というバイナリデータを格納するデータ型がサポートされており、音声や画像などの非構造化データをバイナリファイルとして格納することができます。半構造化データのXMLフォーマットについては、XMLType型で格納することができますし、JSONフォーマットにも対応しています。マイクロソフトのSQL Serverや、OSSのPostgreSQLでも同様に、構造化データに加えてバイナリデータやXMLフォーマットのデータを扱うことができます。また、これらの機能は実は、かなり前から実装されています。

　分析に適した持ち方はできるでしょうか。Oracle Databaseではバージョン12cからOracle Database In-Memory（DBIM）という列指向でデータを検索する機能が実装されました。その他、Db2ではDb2 BLU Accelerationという同様の機能が、SQL ServerでもSQL Server Analysis Services(SSAS)が実装されています。行指向で格納されたデータを列指向に変換してメモリーに乗せ、効率の良い処理を実現しています。

　RDBMS製品では、リレーショナル以外に格納できるデータタイプは製品がサポートするものに限られます。また、専用製品ほど充実した機能は持たないこともありますので注意が必要です。サポートされる範囲で要件を満たせる場合は、1つのデータベースで様々なデータの保管と処理の実行を担えることになります。

統合型の設計ポイント

　統合型は、メーカーが定めた構成から製品を選ぶことになります。製品をアップグレードして処理能力を上げることは可能ですが、ハードウエアの制約によりパブリッククラウドに比べると拡張性は高くありません。アプライアンスサーバーの場合は、設計の自由度が低くなります。そのため、メーカーが設定している構成やハードウエアの制約が後に問題にならないかを見極める必要があります。ユースケースが固まってから導入を検討しましょう。

　メーカーや代理店が導入することが多いため、自社にインフラ設計者や構築スキルを持つ人材が不足している場合は、外部委託できるので有効です。運用・管

理もメーカーや代理店に委託して、利用に集中するというのも手でしょう。このように統合型は、ベンダーへの依存度が高く、すぐには内製できそうにない組織にとっては有力な選択肢です。

ただし、統合型のデータ基盤は、費用が高額になる傾向にあります。また、メーカー独自の製品なので、オープンな情報が少なく、技術情報が不足するというリスクもあります。メーカーと強いコネクションを築いて情報収集するとよいでしょう。

パブリッククラウドは、ベンダーによってサポートするアーキテクチャーに違いが生じます。これまで見てきたように、Oracle Cloud や Azure は統合型として利用できるクラウドサービスを提供しています。一方の AWS は、これから説明する分散型の個々のデータベースに相当するサービスを中心として提供しています。

統合型は、データが集約されるため、比較的データの統制が容易です。ただし、データが標準化されていればの話です。既存システムが使っているデータモデルに一貫性がない場合は、データ統合が必要となります。重要になるのが後述するデータガバナンスへの取り組みです。

追加は容易だが連携が困難

次に、分散型データ基盤の設計パターンを説明します。分散型は、目的別にシステムが縦割りで稼働し、RDBMS や NoSQL といったデータベースや、データを分析する分析用データベースなど、様々な製品を使っている状態です（**図5**）。

新たなデータベースが必要になれば、既存のシステム群に別のデータベースを加えます。そして、データベース間で更新データをやり取りすることでデータを連携します。既存のシステム構成を大きく変える必要がないので、比較的簡単に実現できるアーキテクチャーでしょう。

分散型は、データ連携さえできれば、他システムのデータベースの制約を受けずにデータベースを追加できます。データベースを作る場所にも制約はなく、オンプレミスでも、クラウドでも構いません。この実現しやすさと自由度が分散型の最大のメリットです。裏を返せば、深く考えずに目的別にデータ基盤を設計していると、自然と分散型になりがちと言えます。

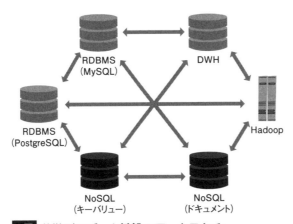

図5 分散型のデータ基盤のアーキテクチャー

　分散型の設計ポイントは、データ更新時に発生する不整合に対応することです。分散型では、複数のデータベースに同じデータを重複して保持し、更新時には互いにデータを連携させて最新のものに変更します。

　更新データがすべてのデータベースに行き渡るまでは、データベースごとに保持するデータは異なる状態です。分散型のデータ基盤を設計するには、まずこの問題を解決しなければなりません。方法は大きく 2 つあります。

　1 つは、結果整合性を前提に開発することです。結果整合性とは、アプリケーション側でデータの整合性は考慮せず、不整合なデータは後で検知して修正するという仕組みです。ただし、この仕組みを追加開発するには手間がかかります。さらに、データの矛盾を検知し、修正する処理は比較的難易度が高く、検知と修正が漏れて一貫性が失われてしまうリスクもあります。

　もう 1 つは、データの不整合が発生しないことを保証するトランザクションを設計することです。散在する複数のデータが同一であることを保証する 2 相コミットなどの仕組みを構築して、分散している複数のデータベースを 1 つのトランザクションで同時に更新します。ただし、この方法も構築には手間がかかります。

　このように分散しているデータベース間でデータの整合性を担保し、連携するコストはとても大きいと言えます。データベースの数が増えるほど連携の数が増

えていき、その管理コストに悩まされる状況に陥りがちです。そのため、RDBMS を核にして、大部分のワークロードの処理を任せ、NoSQL には RDBMS で処理が困難なワークロードだけを実行させます。分散型で避けては通れないデータ連携をできるだけ少なくしようという発想です。これが、筆者らが考えるベストプラクティスです[2]。

切り離せないデータガバナンス

分散型は、データ連携にコストがかかると説明しました。このコストを抑えるには、データガバナンスが役立ちます。データガバナンスとは、「データ資産の管理を統制（計画・監視・執行）すること」です。

分散型のデータ基盤は、複数のデータベース間でデータを連携します。その際、データやデータモデルを標準化しておかないと、フォーマットやコードを変換しなければなりません。これでは、データ連携にコストがかかることに加えて、柔軟性のないデータベースになってしまいます。

そこで、データガバナンスが役立ちます。データモデルを組織横断で標準化し、データ連携をシンプルにします。複雑な変換が不要になり、より低機能で、より低価格の連携ツールで対応できる可能性が高まるのです。連携プログラムを実装する場合も、変換が少ないとプログラム 1 本当たりの実装・維持のコストを抑えられます。

分散型で柔軟かつ効率的なデータ基盤を構築するには、データガバナンスを標準化し、長期的な視野で全体最適を目指すデータやデータ基盤のアーキテクチャー設計が欠かせないのです。

統合型のデータ基盤を構築する際も同じです。データガバナンスの取り組みの下、データモデルがバラバラの既存システムを見直し、1 つのデータ基盤に集約するように設計してください。

---

[2]　データが必ずしも最新の状態であることを求められない場合や、ほとんどのトランザクションがNoSQLにフィットする場合など、最適解が異なるケースは多々ありますので、設計工程での考慮は必要です。

データ連携ツールによる効率化

　さらにデータ連携ツールを活用すれば、より効率的にデータ連携できるようになります。分散型のデータ基盤は、多種類のツールを利用したり、複数の開発言語で実装したりすることが多くなります。この場合は、どうしてもデータ基盤の保守性が低下してしまいます。内容を把握できなくなり、トラブルの火種となることもあるでしょう。

　そこで、データ連携ツールを活用して、リスクとコストを低く抑えることを考えます。主なデータ連携ツールを**表2**に示します。ツールは、データの加工に対応するのか、データ基盤を構成するデータベースは何かなど、それぞれの製品で対応しているデータベースなどを確認した上で選択することが重要です。

　表2に挙げた中で、「ASTERIA WARP」は国内トップクラスのシェアを持っています。いわゆるEAI（Enterprise Application Integration）に分類され、異なる種類のデータベース間で連携する際に、単純にデータを送ることも可能で、加工してから送ることもできます。

　OSSのデータ連携ツールには「Talend」という製品があります。ETL（Extract/Transform/Load）に分類されます。OSSですが、多くのデータベースに対応し

表2 主なデータ連携ツール

製品名	ライセンスモデル	カテゴリー	対応する主なデータベース	価格
ASTERIA WARP	商用	EAI	Oracle Database、Db2、SQL Server、PostgreSQL、MySQL、DynamoDB、MongoDB	3万円〜
Informatica Power Center	商用	ETL	Oracle Database、Db2、SQL Server、SAP IQ、Teradata、Access	1000万円〜
Talend	OSS	ETL	Oracle Database、Db2、SQL Server、PostgreSQL、MySQL、SAP IQ、DynamoDB、MongoDB、Cassandra、Amazon Redshift	―
Oracle GoldenGate	商用	レプリケーション	Oracle Database、Db2、SQL Server、MySQL、PostgreSQL、Informix、Sybase ASE、Enscribe、MongoDB[注1]、Cassandra[注1]	4万2000円〜
Oracle Data Integration Platform Cloud	商用	レプリケーション/ETL	Oracle Database、Db2、SQL Server、MySQL、PostgreSQL、Informix、Sybase ASE、Enscribe、MongoDB[注1]、Cassandra[注1]	従量課金で145.164円（ギガバイト/時間）
HULFT	商用	ファイル連携	Oracle Database、Db2、SQL Server、PostgreSQL	40万円〜

EAI: Enterprise Application Integration　　ETL:Extract、Transform、Load　　　　　　　　　　　注1:ハンドラーが提供されている

ていて柔軟性が高い製品です。

　レプリケーション機能を使った連携では、「Oracle GoldenGate」と、これを拡張してクラウド化した「Oracle Data Integration Platform Cloud」があります。オラクルの製品ですが、SQL Server や Postgre SQL といったオラクル以外のデータベースと連携できます。また、MongoDB や Cassandra といった NoSQL と連携するインターフェースをハンドラーという形で提供しています。

　ファイル連携するタイプには「HULFT」があります。この製品を利用するメリットは、連携元と連携先をより疎結合の関係にできることです。ETL のようにリアルタイムにデータを連携するほうが高速ですが、連携先のデータベースに障害が発生している場合は連携できません。

　ファイル連携の場合は、ファイルを送付できれば、連携先に障害が発生していても問題ありません。復旧したらすぐにファイルを最新状態に更新します。ファイル連携は、データベース間をより疎結合で連携できる方法と言えます。最近は、ETL の製品がファイル連携に対応したり、ファイル連携の製品が ETL に対応したりするといったように、デメリットを補う形で機能を追加する動きがあります。

　ここまでデータ連携ツールを紹介しました。ですが、完璧を目指す必要はありません。リアルタイム性が要求されたり、大量データとの連携が必要だったりするなど、データ連携の要件が厳しいことはよくあります。このような要件の厳しいデータ連携は標準から外してもよいでしょう。大半のデータ連携を標準に集約できれば、効果は大きいからです。

統合型と分散型の融合

　分散型のみを提供してきたベンダーが、統合型にも対応する動きが出つつあります。AWS は、Amazon Athena Federated Query という新機能で、複数のデータベースサービスにまたがったデータに透過的にクエリを実行できるようにすると発表しました [3]。Amazon Athena（Athena）は、次節で説明するストレージサービスである S3 上の構造化／非構造化データファイルにクエリを実行できる、既

---

[3]
　2020年5月時点では「プレビュー」。プレビューとは正式リリース前に評価、検証用に公開する段階で、正式リリースが確約されているわけではない。

存のサービスです。

　Amazon Athena Federated Query は、プレビュー段階の Athena の新機能です。他のデータベースサービスに接続するためのコネクタを使用して、AWS の様々な RDB ／ NoSQL サービスに接続する仕組みということです。

　こういったサービスが各ベンダーからリリースされていくと、分散型としても、統合型としても利用できるようになります。これまでは、クラウドではあらかじめ用意された設計パターンを利用するスタイルになるという考え方がありました。しかし実際には、利用者のニーズを満たし、競合に劣っている機能を埋めるサービス開発が続けられ、設計の自由度が上がりつつある変化が起きています。

　筆者らは、今後は分散型と統合型は融合していき、ひとつのプラットフォーム上でどちらのパターンでも構築できるようになるのではないかと考えています。そのようなプラットフォームではデータ基盤の設計は非常に柔軟性がある反面、設計方式がいく通りも存在することになり、その良し悪しを見極めるのが難しくなります。データ基盤の質は、アーキテクチャーを考えるエンジニアのスキルに大きく左右されるようになるでしょう。

　ここでは、統合型と分散型の設計パターンを説明しました。2-2 では、データレイクを備えたデータレイク型の設計パターンを紹介します。

6つの設計ポイントで選び　クラウドサービス活用を考慮

データレイク型は、多種多様な製品やサービスを組み合わせて構築する。技術者を確保できない場合は、クラウドサービスの活用が有力だ。データレイクの構成要件と設計パターン、適する用途を解説する。

　2-2ではデータレイク型のデータ基盤の設計パターンを説明します。データレイク型の特徴は、巨大なデータストアにあらゆるフォーマットのデータを集め、必要に応じて加工しながら利用できることです。また、既存システムに大きな影響を与えずに構築できるため、設計の自由度が高いという特徴もあります。

　データレイク型のユースケースは、これまで紹介してきた統合型や分散型のデータ基盤と大差はありません。基幹システムや情報システムなどの様々なデータストアからデータを集め、リアルタイムに分析したりすることで迅速なビジネス判断に役立てるものです。ただし、データレイク型は統合型や分散型に比べて、データを一元管理しやすいことやサイロ化が起こりにくいことなどから、大規模なデータを扱うのに最も適した構成と言えます。

　データレイク型での処理は、大きく4つのフェーズで構成されます。データを各システムから集める「収集」、データをデータストアに格納する「蓄積」、格納されたデータを活用する「利用」、そして利用するためにデータフォーマットを変換する「加工」です。加工フェーズは、「利用の中」または「蓄積と利用の間」に入るケースが多く見られます。この4つのフェーズに合わせてデータ基盤を設計するとよいでしょう。

　データレイク型のデータ基盤は、1つの製品やサービスではなく、多種多様な製品やサービスを組み合わせて構築するケースがほとんどです。ですので、リアルタイム性や正確性を担保したデータを提供できる基盤を構築するには、データフローのパイプラインを意識した設計・実装が欠かせません。

　今回は、収集と蓄積フェーズの設計パターンを説明します（**図1**）。

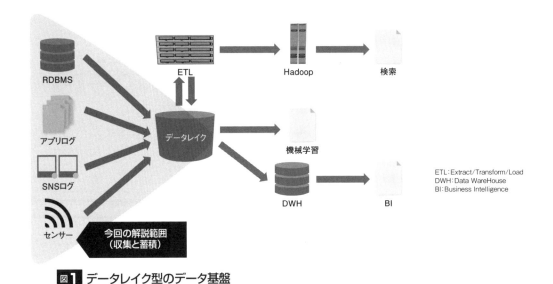

ETL：Extract/Transform/Load
DWH：Data WareHouse
BI：Business Intelligence

図1 データレイク型のデータ基盤

基盤設計における6つのポイント

　収集や蓄積の処理を担うデータ基盤の設計時には、6つのポイントを考慮します（**図2**）。

　1つめは、データレイクを構築する場所と、利用するサービスや製品の選定です。データレイク構築のスタート地点であり、最も重要な部分でしょう。

　2つめは、データレイクに蓄積するデータのフォーマットを決めるタイミングです。データの格納時、または利用時のどちらかを選択します。

　3つめは、データの収集と蓄積のタイミングです。生成されたデータが利用できるようになるまで、どれだけのタイムラグを許容できるかで要件が決まります。

　4つめは、エージェントプログラムの有無です。新たに構築するデータ基盤に対して、アプリケーションから直接データを書き込む場合は、アプリのソースコードを改修しなければなりません。そこで、アプリの改修を避けて、代わりにエージェントプログラムでデータを収集することが増えています。

　5つめは、メッセージブローカーの有無です。これは、データ転送時のバッファーに相当します。大量の処理要求などによって、データストアのマシンリソースが

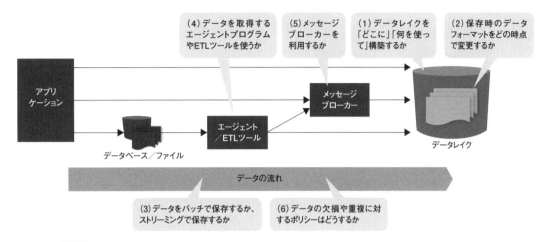

図2 収集・蓄積フェーズにおける設計要素

食い潰されるのを防ぎます。また、格納先がオブジェクトストレージであること が一般的なデータレイクに対し、レコードレベルで生成されるログ等のデータを オブジェクト（≒ファイル）単位に集約する機能を担います。現在は、データス トアとアプリの間に、メッセージブローカーのような緩衝層を挟む設計パターン が増えてきました。

　6つめは、データの欠損や重複の扱い方です。処理速度とデータの精度はトレー ドオフの関係にあります。そこで、どちらを優先するのかを決めておきます。

　以上、6つの設計ポイントを紹介しました。それでは、1つずつ詳しく見てい きましょう。

クラウドサービスの利用が近道

　データレイクは、あらゆるデータを蓄積する場所です。そのため、中核になる データストア（ストレージ）には、（1）対応フォーマットの柔軟性、（2）スケー ラビリティー、（3）APIの多様性／利便性、（4）RASIS、という4つの要件が求 められます（**図3**）。

　データレイクには、構造化データや半構造化データ、非構造化データなど、あ らゆるデータを格納するため、様々なフォーマットに対応しなければなりません。

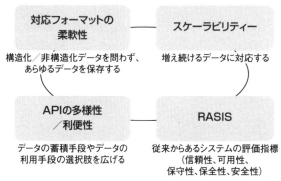

RASIS：Reliability（信頼性）、Availability（可用性）、Serviceability（保守性）、
Integrity（完全性）、Security（機密性）の頭文字を取ったもの

図3 データレイク用データストアに求められる要素

また将来、蓄積するデータ量が増える可能性もあります。容易に保存容量を増や
せるデータ基盤が理想的です。

　データレイクが備える API に多様性や利便性があることも重要です。API を
経由して、多様なシステムで発生するデータを蓄積できたり、蓄積されたデータ
を加工したりできれば、データ基盤を構築・運用するハードルが低くなるからで
す。基盤の RASIS（信頼性、可用性、保守性、保全性、安全性）も大切です。

　一般的にオンプレミスでこれらの要件を満たすデータレイクを構築すると、高
度な技術と高額な費用が必要です。そこで、これからデータレイク型のデータ基
盤を構築する人には、クラウドベンダーが提供するオブジェクトストレージサー
ビスの利用をお勧めします。例えば、Amazon Web Service（以下 AWS）の「S3
（Simple Storage Service）」や、米グーグル（Google）の「Cloud Storage」、米
マイクロソフト（Microsoft）の「Data Lake Storage」、米オラクル（Oracle）の
「Object Storage」などです。これらのサービスは、上記に挙げた要件を満たし
つつ、安定性やデータ保全性までを担保しています。

　オンプレミスあるいはクラウド上の仮想ホストにデータレイクを構築しなけれ
ばならない場合は、「NoSQL」「分散 KVS」「ドキュメントストア」といったデー
タストアを採用することになるでしょう。例えば、「Apache Hadoop」「Apache
Cassandra」「MongoDB」などの OSS を利用したデータストアが有名です。

　ただし、これらのOSSを使って大規模なデータ基盤を安定稼働させるには、相応のスキルを持った技術者を確保しなければなりません。技術者の確保が難しい場合は、OSSをそのままの形で提供するサービスや、API互換でマネージドサービスとしてクラウド上で提供するサービスを検討するとよいでしょう。

格納時または利用時に変更するのかを決める

　続いて、2つめの設計ポイントを説明します。RDBMSを中央に配置するデータ基盤では、データをデータストアに格納する時点で定義したフォーマットに変換します。このように格納時にフォーマットを変換する方法は「Schema on Write」と呼ばれています。

　しかしSchema on Writeは、データを取りあえず保存しておく、といった処理には向きません。格納時の変換処理がシステムに負荷をかけるため、無駄なデータを保存することは避けるべきだからです。

　データレイク型は「Schema on Read」という方法を用いることが増えています。これは、格納時ではなく、利用時にフォーマットを変換する方法です。格納時のシステム負荷を軽減できるため、データを収集したり、蓄積したりする時間を短縮できます。また、格納したデータの利用方法が決まっていなくても、取りあえず格納しておき、データを使う際に初めてフォーマットを変換するといった対応が可能になります。

　ただし、Schema on Readは、データを利用するシステム側でパース（解析）処理が必要です。例えば、テキストファイルで保存されたデータを、CSVとして読むのか、固定長として読むのか、JSONとして読むのか、といった処理を、データを利用するシステム側に実装しなければなりません。フォーマットの変換処理に必要なマシンリソースもデータを利用するシステム側で確保します。

　Schema on WriteとSchema on Readの2つを説明しましたが、どちらが優れているというものではありません。データレイク型のデータ基盤は、2つの方法を兼用することもできます。例えば、非構造化データや半構造化データを保存しておき、利用方法がほぼ固まっているデータだけは利用するシステム向けにフォーマットを変換しておくといった使い方です。

リアルタイム性が求められるのかを判断する

　データが生成される頻度やデータ基盤への転送タイミングも、データレイク型の設計では重要です。これが3つめのポイントです。設計パターンには大きく「バッチ」と「ストリーミング」の2つがあります。

　バッチは、以前からシステム間のデータ連携に採用されている方法です。日次バッチなら、その日に生成されたデータやテーブルなどを、まとめてデータ基盤に転送します。

　一般的にバッチは、実行間隔や実行単位が大きいほどスループットが上がり、実装や管理が容易になります。その半面、データを利用できるようになるまでに時間がかかります。利用までの時間を短縮する場合は、バッチの実行サイクルを短くして対処します。しかし、短くすればするほど、管理は煩雑になります。

　一方、生成され続けるデータをほぼリアルタイムにデータ基盤に転送する方式がストリーミングです。ストリーミングは、生成されたデータをすぐにデータ基盤に転送できますが、ネットワーク処理のオーバーヘッドが大きくなりがちです。そのため、データ基盤に次々に送られてくる小さなデータを効率的に処理する仕組みが必要になります。

データの収集における「密結合」と「疎結合」

　4つめの設計ポイントを説明します。データ基盤にデータを送るには、データの生成元から直接送る場合と、エージェントプログラムなどで収集してデータ基盤に送る場合の2通りが考えられます。ここでは、前者の設計パターンを「密結合」、後者を「疎結合」と呼びます（**図4**）。

　密結合は、データの生成元となるシステムのアプリケーションロジックの中に、データ基盤への格納処理までを含めるパターンです。Google Analytics のように、トラッキングコードを埋め込んで分析基盤にアクセスデータを転送しているようなアーキテクチャーは、密結合に該当すると言ってよいでしょう[1]。

　一方の疎結合は、データ生成元となるシステムにデータ収集エージェントを配

---

[1]
ただし、任意のデータ基盤にデータを転送できるわけではありません。

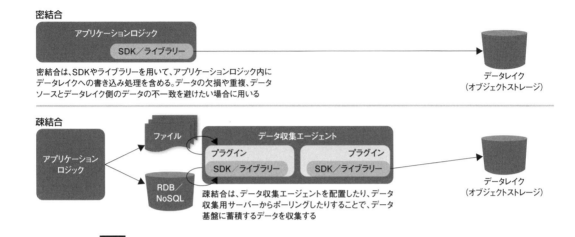

図4 密結合と疎結合

置したり、データ収集用サーバーからポーリングしたりすることでデータ基盤に
格納するデータを収集したりします。Web サーバーやアプリケーションサーバー
のログファイルのように、追記されるファイルの末尾をひたすら拾い続けたり、
データベースに蓄積されたデータを選んで定期的に転送したりするといった使い
方です。

　疎結合パターンを実現する OSS には、米トレジャーデータ（Treasure Data）
が中心となって開発する「Fluentd」や「Embulk」、米エラスティック（Elastic）
が中心となって開発する「Beats」や「Logstash」があります。どれもインプッ
トとアウトプットともに豊富なプラグインが用意されており、技術情報も充実し
ています。

　ログファイルの内容を転送するような場合、疎結合パターンで紹介した製品は、
いずれも Linux でテキストファイルの中身を抜き出すコマンドの「tail -f」を実行
したような感覚で、ファイルへの追加行をリアルタイムで読み取り、転送するス
トリーミングの処理に対応しています。密結合パターンと比べてもタイムラグは
ほとんどありません。

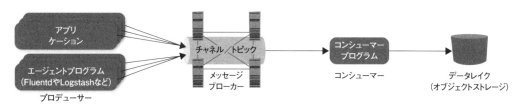

図5 メッセージブローカーを用いた構成

データ収集に役立つメッセージブローカー

　データを転送する際、バッファーとなる製品やサービスを間に用意するかどう
かでパターンを分けられます。これが5つめの設計ポイントです。ここでは、バッ
ファーとなる製品やサービスを「メッセージブローカー」と呼びます。

　まず、メッセージブローカーなしのパターンを見てみましょう。データ基盤の
中核となるデータストアに対して、直接書き込みを行うケースです。後述するメッ
セージブローカーありのパターンに比べ、構成がシンプルになるため運用しやす
いのがメリットです。その半面、データ基盤の中核ストレージの性能が問題にな
りやすいと言えます。

　複数台で稼働しているWebサーバーからのログデータの書き込みや、IoT（イ
ンターネット・オブ・シングズ）機器からのセンサーデータの書き込みなどは、
大量の接続・書き込み要求が発生します。データ基盤がこれらの処理を一手に受
けてしまうと、CPUリソースの枯渇やロック機構での衝突などが起こりやすく
なります。エンドユーザーの体感速度にも影響します。

　一方のメッセージブローカーありのパターンを見てみましょう。メッセージブ
ローカーがバッファー層を形成し、そのバッファーを経由してデータ基盤に書き
込みを行う設計パターンです（**図5**）。この設計パターンは、メッセージブローカー
にデータを送り込むクライアントと、メッセージブローカーが保持しているデー
タを取り出すクライアントで構成します。前者を「プロデューサー」、後者を「コ
ンシューマー」と呼びます。

　プロデューサーは、APIライブラリーとしてアプリに埋め込み一体化するパター
ン（密結合型）や、APIライブラリーを組み込んだエージェントプログラムとし

てログファイルをキャプチャーして転送するパターン（疎結合型）などがあります。

　コンシューマーは、API ライブラリーを使ったエージェントプログラムとして、メッセージブローカーに記録されたデータを順次取り出して、データ基盤に書き込んでいく役割を担います。このとき、オブジェクトストレージ側で扱いやすいオブジェクトサイズに集約することも行います。大量データを取り扱う分析システムでは、小さなファイルが多数存在するとオーバーヘッドが大きくなりがちです。通常、メッセージブローカーは複数台のサーバーによるクラスター構成を採り、書き込まれたデータの永続化と冗長性を管理します。

　メッセージブローカーとして使える OSS は、「Apache Kafka」が有名です。しかし、オンプレミス上に自力で構築・運用するのは難易度が高いので、オラクルの「Event Hub」や AWS の「Amazon Managed Streaming for Apache Kafka（Amazon MSK）」といったクラウドサービスの利用を検討するとよいでしょう。また AWS は、Kafka のマネージドサービスに先行して AWS 独自のストリーミングデータのマネージドサービスである「Amazon Kinesis Data Streams や Amazon Kinesis Data Firehose」を展開しています。

　前述した Fluentd や Logstash は、Apache Kafka や Amazon Kinesis のプロデューサーやコンシューマーとして利用できます。さらに、Fluentd や Logstash 自身が Fluentd や Logstash からデータを受け取るブローカーとして使えます。

　ただし、冗長構成などの機能は、Apache Kafka や Amazon Kinesis と比べると物足りません。ですが、データ基盤へのアクセス集中を緩和するバッファーとしてデータを集約する役割を担えます。

　その他、「Apache Storm」や「Apache Spark Streaming」などの製品も、この領域でよく挙げられる名前です。Apache Kafka や Amazon Kinesis が「配信」を起点としつつ処理系もサポートするのに対し、Storm や Spark Streaming は、ストリームデータの「処理」を起点としつつ配信にも使えるといったイメージです。これらの境界は曖昧なので、組み合わせて使われるケースも多いです。

3つの保証レベルから選択する

　最後に6つめのポイントです。メッセージブローカーをバッファーに利用する

表1 メッセージ配送の保証レベル

保証レベル	重視点	欠損	重複
at most once（最大1回）	1回だけ送ること。再送しない	あり	なし
exactly once（確実に1回）	1回だけ確実に届くこと	なし	なし
at least once（最低1回）	重複を起こしてでも1回は確実に届くこと	なし	あり

設計パターンは、性能面だけでなく、バッファーリングしたデータの信頼性が重要です。ネットワーク障害などが発生してエラーを検知した場合、相手に届いているケースと届いていないケースが起こり得ます。障害が発生することを前提に、何を重視するか、どのような挙動を取るか、といった観点で**表1**の3つの保証レベルを検討します。

「at most once」は、メッセージブローカーに書き込まれたデータ（メッセージ）を1回しか送らないという仕様です。エラーを検知しても届いている可能性があるので、重複を避けるために送り直さないというアプローチです。ただし、本当に障害が発生してデータが届いていない場合は、データの欠損が発生します。

「exactly once」は、確実にデータを届けることを重視した仕様です。送信状況を管理する仕組みを加えなければならず、状態管理にかかる負荷や状態管理機構そのものの障害にどう対処すべきか、という課題があります。

「at least once」は、確実にデータは届くが、重複も起こり得るという仕様です。欠損するよりは重複したほうがマシという考え方になります。届いているかもしれないけど、エラーを検出した以上、念のためにもう一度送るという挙動を取ります。その重複データをどう扱うかは利用者に任されます。

現在のデータ基盤では、at most once のような欠損は避けたいけど exactly once では重すぎる、という考えから、at least once を使用している事例が多くあります。先ほど挙げた Apache Kafka は、exactly once をサポートしていますが、制約事項もあるので公式ドキュメントなどを確認して選択してください。

Amazon Kinesis Data Firehose の場合は、at least once を採用しています。Amazon Kinesis Data Streams は、デフォルトではプロデューサーとなるプログラムでリトライ回数を設定し、ここで挙げた3つの仕様のどのポリシーに近づけ

るかを調整します。デフォルトは、3回のリトライとなっており、at least once でも at most once でもない設定です。

よって、「重複排除をどうするか」が設計ポイントになります。真っ先に思い付くのは、メッセージにユニークな ID を付与し、そのユニーク ID に基づく照合で担保することです。

しかし、重複排除の仕組みが本当に必要かどうかを考えることも大切です。データ基盤としてデータにどのレベルの精度を求めるかというところに立ち返り、わずかな確率の重複であれば許容するという結論に至ることもあるでしょう。この場合は、重複排除の仕組みを実装しなことも手です。メッセージブローカーの転送段階では重複を排除せずに後続の処理で重複を排除する、というアプローチもあります。

豊富な情報を効率良く

データレイクの選択と収集・蓄積フェーズの設計ポイントを解説しました。データ基盤の中核となるデータレイクに何を選ぶかで、利用できる製品やサービスは変わります。しかし、ここで挙げた製品やサービスは、いずれのデータレイクを採用しても使えるもので、技術情報や事例情報が豊富なものを選定しました。ぜひ、データ基盤を作成する際の参考にしてください。

利用・加工フェーズの2つの設計パターン

ここからは、「利用」と「加工」のフェーズに絞って設計パターンを紹介します。

加工・利用におけるデータレイクの設計パターンは、主に「データ倉庫型」と「データ工場型」の2つに分類できます。データレイク内で加工せず利用者側で加工するのが倉庫型。データレイク内で加工するのが工場型です。ただし、データ倉庫型でも全く加工処理を施さないというわけではありません。必要最低限の加工処理は行います。

ちなみに、一般的な DWH（データウエアハウス）と、ここで言うデータ倉庫型の概念は異なるものです。データレイクの設計パターンを説明するために、著者らが作り出した言葉なので注意してください。

最低限の加工処理だけ行うデータ倉庫型

　それでは、データ倉庫型の設計パターンから説明します。この設計パターンは、集めた生データをデータレイク内のオブジェクトストレージにそのまま保存しておくというものです。最近のトレンドというべき設計パターンでしょう。収集可能なあらゆるデータをデータレイク内のオブジェクトストレージに取りあえず蓄積しておきます。データが既にあって、データの利用方法は後から考えます（**図6**）。データ倉庫型のデータレイクは、原則として収集・蓄積したデータをそのまま利用者や利用システムに提供し、加工処理は利用者側に委ねることになります。

　ただし、何でもそのまま提供していると、利用者側の負荷が高まってしまいます。この問題を解決するため最低限の加工はデータレイク側で施しておくケースが多く見られるようになりました。

　主な使用例は、ビックデータのアドホック分析などが挙げられます。アドホッ

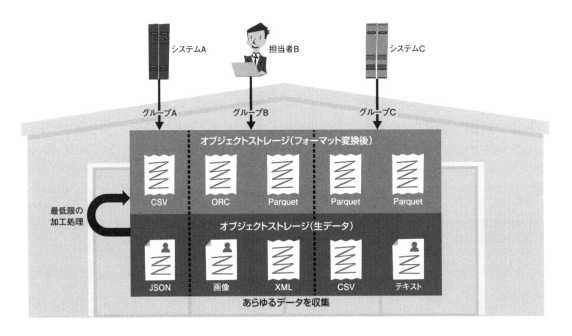

図6 データ倉庫型の設計概要

ク分析は、目的の結果を得る手順が決まっておらず、クエリー処理の結果を踏まえて、次にどんなクエリー処理を行うかを考える分析手法です。まだ活用されていない未知のデータに対するデータ分析は、最初にアドホック分析から始まることがほとんどです。

　アドホック分析は主にデータアナリストが行います。欲しいデータがどこにあるのか、集計にどの程度の時間がかかるのか、といったことを、試行錯誤しながらデータに当たりを付けていきます。このとき、データの分析対象は生データが中心です。データを自在に操作できるデータアナリストには、人の手が加わっていない純粋な生データの方が分析対象として適していることが多いのです。

　データ倉庫型で行う加工処理は主に2つです。1つは、「ファイルのフォーマット変換」です。収集・蓄積のフェーズで集められたデータは、データを生成するシステムや収集を仲介するシステムが扱いやすいフォーマットを採用しています。例えば、RDBMSから抽出したデータやログデータ、センサーデータなどは、CSVやJSONといったフォーマットを利用していることが多いといえます。

　これらのデータフォーマットは、利用者側が取り扱う際に適さないケースがあります。データレイク上のデータをRDBMSに取り込んで利用する場合は、JSONのまま提供されるよりCSVで提供される方が扱いやすいでしょう[2]。Hadoop上に構築するオープンソースソフトウエア（OSS）のデータウエアハウスのApache Hiveや米フェイスブック（Facebook）が開発したOSSのPresto、同じくOSSの分散処理システムのApache Sparkなどを使用した集計処理が中心となる場合は、全レコードの特定列のみにアクセスするといった使い方が多くなります。こうしたケースでは、列指向のファイルフォーマットである「ORC」や「Parquet」でデータを提供すれば、分析処理の高速化が期待できます。

　また、データレイク上のデータの利用者や利用システムがデータ操作をSQLで行うことを前提としているなら、このデータレイクにおけるデータ公開機能をRDBMSで用意するといった設計パターンも考えられるでしょう。これも一種のフォーマット変換です。

*2
JSONを扱うRDBMSの機能は強化されていますが、まだ発展途上の段階です。多くのRDBMSがCSVファイルの取り込み機能を備えている現状を踏まえると、CSVで提供した方がよいでしょう。

処理の高速化とセキュリティーを考慮する

2つめの加工処理は、「ファイルの分割・統合」です。この加工処理の目的は「処理の効率化・高速化」と「セキュリティー」です。

先述した Hive や Presto、Spark のような並列分散処理の場合は、「扱いやすいデータサイズ」が存在します。このサイズは大き過ぎても小さ過ぎてもダメです。特に小さいファイルがバラバラと存在すると、処理性能が低下してしまいます。

このような状態を避けるには、ファイル同士を結合して適切なファイルサイズにしておくことが有効です。CSV ファイルの単純な結合であれば、Linux の cat コマンドでも構いません。JSON から CSV の変換には、jq コマンドなどを組み合わせれば実現できます。もう少し柔軟な処理を実装したり、列指向フォーマットへの変換を含んだりする場合は、Python などでスクリプトを作成してもよいでしょう。

ETL（Extract/Transform/Load）ツールや Spark などを活用する手もあります。例えば Amazon Web Services（AWS）は、Spark の ETL 処理機能に特化したマネージドサービス「AWS Glue」を提供しています。ストレージサービスの Amazon S3 に蓄積したファイルの処理に活用できます。

次に、ファイルの分割・統合の2つめの目的であるセキュリティーについて説明します。オブジェクトストレージを提供しているクラウドサービスは、オブジェクト単位にセキュリティーを設定できます。図2を例に挙げれば、システム A はグループ A のオブジェクトだけ、担当者 B はグループ B だけ、システム C はグループ C だけにアクセスできるという設定が可能です。

ただし、ファイルの中身の単位でアクセス制限はできません。対応策には、RDBMS を用意してそこでレコード単位でアクセス制限をする方法と、アクセス可能なデータだけのファイルを作ってアクセス制限するという方法の2つが挙げられます。どちらの方法を採用してもファイルの分割・統合が必要になります。セキュリティー機構を実現するには、ファイルの分割・統合が欠かせないのです。

しっかりと前処理を行うデータ工場型

続いて、「データ工場型」の設計パターンを説明します。データ工場型もデー

タレイク内のオブジェクトストレージに生データを保存します。ここまではデータ倉庫型と同じです。ただしデータ工場型は、データの加工までをデータレイク内で行います。つまり、データレイクの中にRDBMSが存在するという設計パターンです（**図7**）[*3]。

　データ工場型の使用例は、売上情報や営業情報、顧客情報の管理などが挙げられます。これらは以前からRDBで構築したデータ基盤で実施されていることです。日々の仕入情報や売上情報、営業情報、従業員情報などを全て収集して管理します。また、日次での集計や従業員マスターを作成して、各システムへデータ連携を行います。このようにデータ工場型のデータレイクは、データ集計やマスターデータの管理までもデータレイクの中で行います。

　データ工場型では、フォーマットを変換した後のデータをRDBMSに取り込みます。そして、データレイク内のRDBMSによって統合・クレンジングなどの処理を施し、RDBMSの統合済みデータ領域に加工後のデータを格納します[*4]。わ

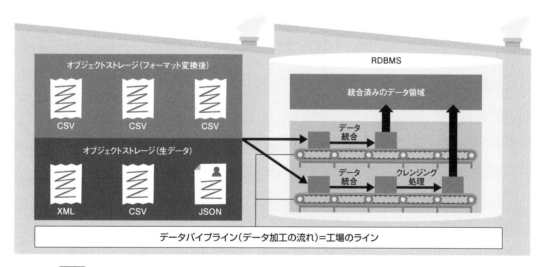

図7 データ工場型の設計概要

*3
ここでは説明のしやすさを考慮して、オブジェクトストレージ＋RDBMSという構成でデータ工場型のデータレイクを説明しています。ですが実際には、RDBMS以外のプロダクトを使用するケースも多く存在します。

ざわざ領域を分けて統合済みデータを維持するのは、新たな加工のニーズが出てきたときに対応でき、データの再利用やデータに問題があった場合に最初の状態を追跡できるようにするためです。また、格納領域を分けることでデータガバナンスの様々な要求に対応しやすいというメリットも得られます。

データ工場型では、データを利用する利用者や利用システムのニーズを先取りしてデータを加工し、ある程度整った状態で提供することを目指します。

最近、データ分析を行うアナリストの間で「前処理」の手間が課題視されています。分析に耐え得るデータを整えることに多大な手間がかかるようになっているのです。例えば、マスターデータに一貫性がなかったり、トランザクションデータの時系列がバラバラで単純に集めただけでは利用に耐えられなかったりすることが多いのが現状です。

このような問題を解決するため、あらかじめデータレイク側で加工処理を施します。アナリストの手間を軽減することにつながるでしょう。

よく施す前処理の加工には、「データ構造」と「データ内容（データ型）」の2つが挙げられます。

データ構造の加工処理は主に（1）抽出、（2）集約、（3）結合、（4）分割、（5）生成、（6）展開の6つです。（1）は必要な項目や行を抜き出す処理です。（2）は集計結果や各種計算済みのサマリーデータ、同じキーを持つデータの最新情報を集める処理です。（3）はいわゆるSQLのJOIN文に相当するもので結合済みのデータを作成する処理です。

（4）はアクセスコントロールの実現や機械学習における検証データと学習データを区別するといった処理です。（5）は機械学習のデータ不足などに対処する処理です。（6）は集計データのピボット状態を作るといった処理になります。

データ内容の加工処理では、「数値」「日時」「文字列」「位置情報」「カテゴリー（列挙）」といったデータの精度や表記の統一といった加工を施します。複数のシステムから収集したデータは、細かな表記がそろっていないことが多くあります。このような場合は、同じ項目を抽出して1つのファイルにまとめただけでは使え

---

*4
データ工場型の代表的な設計例として、RDBMSを利用する構成を説明しています。実際には、半構造化データやグラフ型データなどを扱う場合があり、RDBMSとNoSQLデータベースを組み合わせることもあります。

ません。利用者に提供するフォーマットを定めて準拠するように変換する必要があります。

　具体的には、各システムで発生したイベントの日時や収集処理の日時の違いなどを明確にします。そして、何を基準に、どの時点の断面でデータをそろえるかを定義します。このような観点を基に、ファイルフォーマットの変換を含めた加工処理の順序を設計し、利用者や連携先のシステムが扱いやすいデータセットを作り上げていきます。

　実装には、Hive や Spark のように大量データを並列分散で高速処理することを得意とするもの、Python のように分析関連操作を支援するライブラリーに強みを持つプログラム言語、その他のオブジェクトストレージの内容を SQL で扱えるツールなどが選択される傾向にあります。

2つの設計パターンを比較する

　ここまで、データ倉庫型とデータ工場型の2つの設計パターンを紹介しました。では、どちらの設計パターンを採用すればよいのでしょうか。2つの設計パターンには、良い点と悪い点があります（**表2**）。

・データレイクを運用する側の視点

　データ基盤の構築を担当するエンジニアは、どこまでの処理をデータ基盤の中で行うかを決めなければなりません。データ倉庫型は、データの収集と蓄積、データのフォーマット変換までが中心となります。そのため、データ倉庫型の設計パターンはデータ基盤の構築とその後の運用面の負担が軽くなります。

・データレイクを利用する側の視点

　データ倉庫型は、データレイクではなく各システム側で生データの加工や集計を行わなければなりません。一方のデータ工場型は、データレイク側でデータの加工や集計までも行うので、各システム側の担当者の負担は軽くなります。ただし、少なからずデータレイク側のデータ提供方法に合わせて、システムを改修する必要があります。

表2 倉庫型、工場型の担当範囲

	データレイクを運用する側	データレイクを利用する側
データ倉庫型	収集　蓄積　加工*	加工　利用
データ工場型	収集　蓄積　加工	利用

*データ倉庫型のデータ加工はファイルのフォーマット変換など限定的

・全体最適化の視点

　全体最適化は、会社全体として見たときのコストや作業工数のことです。デー
タ倉庫型では、利用システム側でデータの加工、集計が必要になります。利用シ
ステムの数が多くなればなるほど、データの加工、集計を重複して実装すること
になり、無駄が多くなります。限られた利用目的（アドホックデータ分析や監査
ログの収集など）で使用する場合に向いています。

　データ工場型であれば、各システム側で行っているデータの加工や集計をデー
タレイク側が引き受けることで、各システム側の負担を減らせます（**図8**）。デー
タレイク側には、データ加工という新たな作業が加わりますが、その分各システ
ムでの効率化が進むためトータルで見たときにコスト面などでメリットがありま
す。また、各システム側では統合済みデータを利用できるようになり、かつデー
タ連携も1カ所になります。データレイク側と各システム側で明確な役割分担が
可能となるので、開発がよりスピーディーになります。

トレンドは倉庫型、オススメは工場型

　2つの設計パターンのメリットとデメリットを紹介しました。前述したように、
最近のトレンドは「データ倉庫型」です。取りあえずデータレイクのオブジェク
トストレージに生データをそのまま保存しておき、データの利用方法は後から考
えるという設計パターンが多く見られます。

　ですが、実際の現場ではデータを収集・蓄積するだけでは終わりません。最終
的にデータを有効活用することがデータ基盤を構築する目的のはずです。理想は、

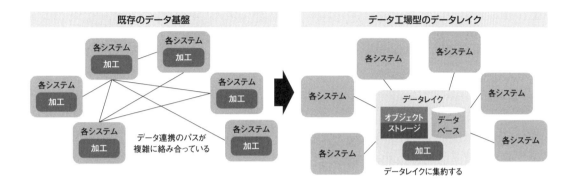

図8 全体最適化

　データが欲しいという要望が毎日届くような需要のあるデータ基盤です。このようなデータ基盤を構築するには、各システムの要望に合わせて柔軟にデータを加工したり、提供したりできる「データ工場型」の設計パターンが適していると考えています。

　ただし、各システムで行っていたデータ加工のプロセスを移行するには、データレイク側と各システム側にとって痛みを伴います。データレイク側では、新たにデータ加工のパイプラインを構築しなければならず、その分の運用工数も増加します。

　また、各システム側の視点で見ると、加工プロセスがなくなることへの改修や、新たにデータレイクから連携されるデータへの対応が必要になります。このように、データ加工のプロセス移行は決して簡単なことではありません。

　データ工場型の設計には、もう1つ大きな課題が存在します。それが、ステークホルダーの存在です。データ工場型のデータレイクを構築するには、他システムを構築するエンジニアと共同プロジェクトを立ち上げることになります。つまり、関係者が多くなり、意見がまとまりにくくなるのです。実際の現場で多いのは、各システムに大きな改修が入ることへの抵抗や、どの部署が予算を持つかといった政治的な問題です。

　このような場合に必要不可欠なのが、トップダウンによる取り組みです。例えば、**図9**のようなデータ管理組織を立ち上げることも有効です。CIOからトップ

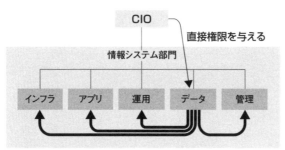

組織を横断してデータ統合を推し進める

図9 横断組織のイメージ

ダウンでデータ管理の権限をデータ管理組織に与えます。データ管理組織は、全ての組織を横断してデータ管理の取りまとめを行います。データレイク型のデータ基盤の構築には、組織改革も必要です。詳しい内容は、後の章で解説します。

第3章
クラウドでつくるデータ基盤

3-1　オブジェクトストレージ（AWS ／ Azure）

ストレージの違いを押さえる 使い分けでコストを削減

データの利活用が企業のデジタル化に重要な役割を果たす。データ基盤の構成次第でデジタル化の成否が決まると言っても過言ではない。代表的なクラウドサービスを利用した設計パターンを紹介する。

　第3章では、仮想企業のシナリオを取り上げて、どのようにデータ基盤を設計していくのか、設計のポイントを解説します。3-1 では「デジタル化を進める中小企業」を例に AWS（Amazon Web Services）や Microsoft Azure でデータ分析基盤を構築するポイントを説明します。

中小企業におけるデータ基盤

　自社 EC サイトと実店舗で商品を販売する小売業の A 社は、データを生かした経営戦略の立案やマーケット分析、業務効率の向上を目指しています。しかし、データを分析するデータ基盤が整備できていない状態でした。そこで再利用できるデータを蓄積・管理するデータレイクを構築することにしました。
　この中小企業がデータレイクに求める役割は大きく分けて 4 つです。

1.　データを収集すること
2.　データを蓄積すること
3.　データを加工すること
4.　データを利用すること

　データレイクの役割は、そのままでは利用することが難しい生のデータを収集・蓄積し、使いやすいように加工して、データ分析システムなどへデータを提供することです。そのため、より付加価値の高いデータ活用が可能となるよう、どれだけ多くのデータを用意できるかということがデータレイクには求められます。

A社のシステム構成

　A社の既存システムには、ECサイトと業務システムがあります。ECサイトはWeb/APサーバー（Linux）4台とDBサーバー（MySQL）1台で構築していました。アクセス数は数千件／日。イベントでアクセスが集中する時間帯は数万件／時間になります。データベースが保持するデータは、商品関連データや在庫管理データ、取引先データ、顧客データなどです。

　一方の業務システムはWeb/APサーバー（Linux）2台とDBサーバー（MySQL）1台で構築し、営業関連データや開発関連データ、人事・総務関連データといったシステムを含みます。MySQLを利用しているのは、ECサイトのトランザクション特性に合った安価なリレーショナルデータベースだからです。

　データ分析基盤はAWSまたはAzure上に構築します。データを収集・蓄積するデータレイク（オブジェクトストレージ）とデータの連携・加工をするバッチサーバー（Linux）1台、データを分析するデータベース（MySQL）1台で構築します。

　データ分析基盤にMySQLを選択したのは、（1）ECサイトをMySQLで構築・運用しているので社内の技術者が慣れている、（2）短期間で構築するため他のデータベースを検討する時間がなかった、（3）極端に大きな（複雑な）クエリーにはならない見込みがあった、という理由からです。

クラウドなら刻々と変わる環境に対応できる

　A社のデジタル化はデータの集約・分析から始め、将来他のテーマに広げていくことを目指しています。そのためデータレイクの構築には従来のデータ基盤とは異なる前提条件があります。（1）やりたいことが後から変わる、（2）集めるデータが後から増える、（3）柔軟かつスピーディーに対応したい、というものです。

　（1）と（2）は今後の拡張性を意味します。現在、ビジネスを取り巻く環境は一気に変化します。今後、新たなサービスや新しい技術の登場によってやりたいこと、できることがどんどん増えるからです。また、IoT機器などの普及で収集可能なデータも爆発的に増加することが予想されます。こうした環境に対して柔軟にかつスピーディーに対応できるようなデータレイクが企業の競争優位性につ

ながります。

　筆者らがクラウド環境でデータレイクの構築を推奨する理由の 1 つが（3）の前提条件です。オンプレミス環境ではサーバーやストレージ、ネットワーク機器などを購入し、それらの機器をセットアップして、初めて容量を追加できます。そのため急激なデータ量の増加に対処できません。またデータ量の問題を見越して事前に大きめのハードウエアを用意しておくなど投資が過剰になりがちです。

　一方、クラウドサービスはスケールアウトが可能なアーキテクチャーを採用しています。サーバーやストレージの増強はコンソール画面から可能です。また機械学習や AI（人工知能）関連の新サービスも次々と登場しています。それらの新サービスをすぐに活用できるのもメリットの 1 つです。

AWSおよびAzureで分析基盤を構築する

　AWS で構築する場合の構成図から見ていきましょう（**図 1**）。「Virtual Private Cloud（VPC）」は AWS 内の仮想ネットワークです。この中で AWS リソースを起動できます。

　「Elastic Compute Cloud（EC2）」は AWS 上の仮想サーバーです。Windows や Linux などの様々な OS に対応しています。「Amazon Aurora」は MySQL や PostgreSQL 互換のリレーショナルデータベース（RDB）を選択できるフルマネージドサービスです。今回の構成では MySQL 互換データベースを採用しています。

　「Elastic Load Balancing」はアプリケーションへのトラフィックを複数のターゲットに自動分散するロードバランサーです。「Simple Storage Service（S3）」はオブジェクトストレージサービスです。

　全体のデータの流れを説明します。EC サイトと業務システムのデータは、データ連携用サーバー（EC2）によって、SQL で抽出したものを CSV ファイルで保存し、オブジェクトストレージ（S3）に転送します。オブジェクトストレージに配置された CSV ファイルをバッチサーバー（EC2）が取得し、データベース（Aurora MySQL）に取り込んでいます。分析担当者は各自の端末からデータ分析基盤にアクセスし、専用のアプリケーションを使って分析します。

　続いて、Azure の構成を見てみましょう（**図 2**）。利用するサービスは AWS と Azure で 1 対 1 に対応しているものばかりです。「Azure Virtual Network」

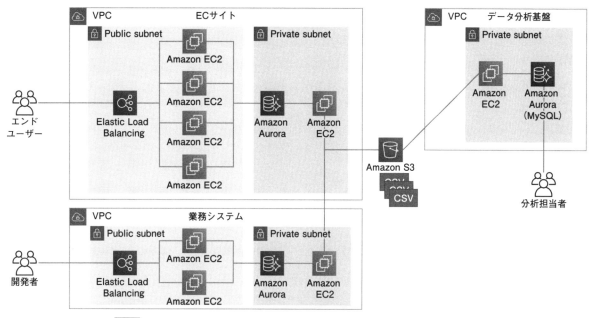

図1 中小規模のデータ基盤（AWSの構成例）

は Azure 内の仮想ネットワークです。

「Azure Virtual Machines」は Azure 上の仮想サーバーです。EC2 と同じく Windows や Linux など様々な OS に対応しています。「Azure Database for MySQL」は MySQL サーバーエンジンに基づいた RDB のフルマネージドサービスです。「Azure Load Balancer」は負荷分散規則を作成してフロントエンドに到着したトラフィックをバックエンドのインスタンスに分散するロードバランサーです。「Azure Blob Storage」はオブジェクトストレージサービスです。

オブジェクトストレージサービスのネットワーク

AWS の S3、Azure の BlobStorage へ接続するためには、通常、インターネット経由となります。そのため、S3 や BlobStorage へのアクセスをセキュアにしたい場合、インターネット経由ではなく、プライベート接続できるようデータ基盤を構築する必要があります。

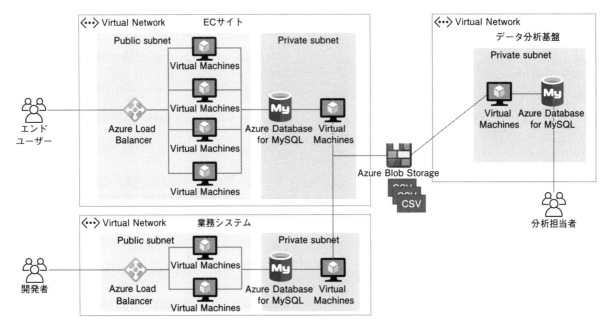

図2 中小規模のデータ基盤（Azureの構成例）

　AWSは VPC Endpoints、Azure は Service Endpoints をオブジェクトストレージサービスに設定して、閉じたネットワーク環境を構築できます。VPC Endpoints や Service Endpoints に料金は発生しません。

　逆にそれらを設定しないと通信がインターネットを通ってしまいます。今回の例で構築するデータ分析基盤は、EC サイトの顧客情報や業務システムからの機密情報も含まれるので、外部にデータを公開できません。そこで、VPC Endpoints や Service Endpoints を設定することが前提となります（**図3**）。

オブジェクトストレージサービスを理解する

　データ基盤の構築で最も重要な要素がオブジェクトストレージです。AWS には S3、Azure には Azure Blob Storage というサービスがあり、それぞれにストレージクラスというものが存在します。本章では主要なタイプのみを紹介します。

　データ基盤設計では、各ストレージクラスの特徴を理解することが重要です（**図**

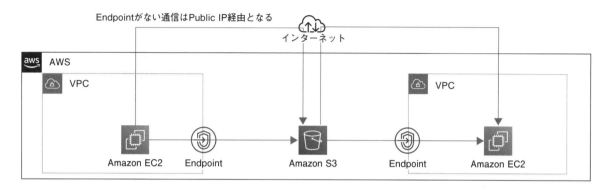

Endpointがない通信はPublic IP経由となる

インターネット

AWS

VPC

VPC

Amazon EC2　　Endpoint　　　　Amazon S3　　　Endpoint　　　Amazon EC2

図3 ゲートウエイサービスでPrivate IPに閉じた通信が可能（AWSの例）

4）。アクセス頻度の高いデータと低いデータを保存するオブジェクトストレージ
を分けることで、大幅なコスト削減が可能だからです。

　S3の「S3 標準」はアクセス頻度の高いデータ向けに高い耐久性や可用性、パ
フォーマンスを備えたストレージクラスです。「S3 標準 - IA」はS3 標準より低
いコスト（約76％）でデータを保存できますが、データの取り出しに費用が発生
します。「S3 Glacier」はS3 標準より低いコスト（約20％）でデータを保存でき、
数分内でのデータへのアクセスが可能（取り出して使用）です。

　「S3 Intelligent-Tiering」はアクセスパターンが変化するときに 2つのアクセス
階層間（高頻度アクセスと低頻度アクセス）でデータを移動することで自動的に
コスト削減を行うストレージサービスです。

　ただし、データの取り出し容量に対して費用が発生し、最低保持期間は30 日
間です。「S3Glacier Deep Archive」もS3 標準より低いコスト（約8％）でデー
タを保存できます。S3 Glacier に比べてデータの取り出しに時間（12 時間以内）
がかかり、最低保持期間は180 日間です。数年または数十年保存するデータを格
納するのに適しています。

　一方、Azure Blob Storage はストレージクラスの分類方法がS3 と異なります。
Azure のストレージサービスにはストレージアカウントという概念が存在し、利
用できるストレージ機能が分かれています。冗長性ごとに「LRS」「ZRS」「GRS」
「GZRS」という 4つがあり、アクセス層ごとに「ホット」「クール」「アーカイブ」

の 3 つがあります。

　LRS はストレージスケールユニット内の UD（アップデートドメイン）と FD（障害ドメイン）で分散され、データセンター規模の災害発生時にはデータ消失の可能性があります。ZRS は 1 つのリージョン内の異なる 3 つの物理的に離れた可用性ゾーン（AZ）に分散されています。GRS は LRS による冗長化が 1 つのリージョン内で施されており、セカンダリリージョンの別のデータセンターにレプリケーションされています。GZRS は 1 つのリージョン内で ZSR による冗長化がされており、かつセカンダリリージョンの別のデータセンターにレプリケーションされている状態です。

　続いて、アクセス層を説明します。ホットは頻繁にアクセスされるデータに最適化されています。クールは 30 日間の最低保存期間があります。アクセスされる頻度が少ない場合に利用します。アーカイブは、ほとんどアクセスがないデータ用で 180 日の最低保持期間があります。ちなみに最低保持期間が指定されると、その日数分の使用料金が請求されます。

　AWS はバケット（S3 にファイルを保存する場所の単位）ごとにオブジェクトのライフサイクルを設定でき、90 日以上経過したものを自動的に S3 標準 - IA や Glacier に移動できます。Azure ではライフサイクルポリシー管理の機能で、同じように自動的にクール層

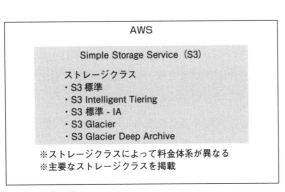

図4 AWSとAzureのオブジェクトストレージ概要図

やアーカイブ層にデータを移動できます。ただし、AWS と Azure の安価なストレージクラスにはデータを取り出す費用と最低保持期間の制約（指定日数分の使用料金が請求される）が存在します。また、データを取り出すには時間を要する場合があります。そのため、設計時は利用シーンを事前に想定しておく必要があります。A 社は 90 日以上前のデータをほぼ利用しないと想定したため、90 日を経過すると安価なストレージに移動するという運用にしています。

ストレージオブジェクトの料金を試算

表 1 にストレージの使用料金の比較表を示しますが、AWS と Azure の使用料金に大きな差はありません。A 社を例に料金を試算してみましょう。

オブジェクトストレージの使用状況は、（1）EC サイトから毎時 2 ギガバイトのデータ受信（月間 1440 ギガバイト）、（2）業務システムから毎日 50 ギガバイトのデータ受信（月間 1500 ギガバイト）、（3）データ分析基盤側から 10 分おきにデータ取得（月間の読み取りデータ量 2940 ギガバイト）、というデータ量であったとします（**図 5**）。

これを、月間の利用料と年間の利用料にして試算表にまとめました。月間の試

表1 AWSとAzureのオブジェクトストレージ比較表

AWS

名称	冗長性	アクセス頻度	最低保持期間	ストレージ費用	書き込みリクエスト	読み込みリクエスト	データ取り出し
S3標準	3AZ	高い	なし	0 〜 50TB：$0.025/GB 50TB 〜 500TB：$0.024/GB 500TB以上：$0.023/GB	$0.0047/1000件	$0.00037/1000件	フリー
S3 標準 - IA	3AZ	低い	30日間	$0.019/GB	$0.01/1000件	$0.00225/1000件	$0.01/GB
S3 Glacier Deep Archive	3AZ	低い	180日間	$0.002/GB	$0.1142/1000件（スタンダード）	$0.065/1000件	$0.022/GB（$0.005/GB）

Azure

名称	冗長性	アクセス頻度	最低保持期間	ストレージ費用	書き込みリクエスト	読み込みリクエスト	データ取り出し
ホット（ZRS）	3AZ	高い	なし	0 〜 50TB：$0.025/GB 50TB 〜 500TB：$0.024/GB 500TB以上：$0.023/GB	$0.0625/10000件	$0.004/10000件	フリー
クール（ZRS）	3AZ	低い	30日間	$0.019/GB	$0.10/10000件	$0.01/10000件	$0.01/GB
アーカイブ（LRS）	3FD/UD	低い	180日間	$0.002/GB	$0.1142/10000件	$5.50/10000件	$0.022/GB

AZ：アベイラビリティゾーン　FD：障害ドメイン　UD：アップデートドメイン

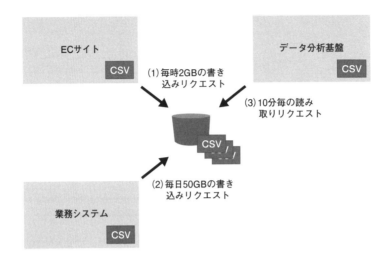

ECサイト

CSV

(1) 毎時2GBの書き込みリクエスト

データ分析基盤

CSV

(3) 10分毎の読み取りリクエスト

CSV

(2) 毎日50GBの書き込みリクエスト

業務システム

CSV

図5 オブジェクトストレージの使用状況

算表では以下の3点で集計をしています（**表2**）。

・1カ月分のデータ（2940ギガバイト）をS3標準に保存した場合の費用73.50 ドル（7718円）
・1カ月分のデータ（2940ギガバイト）をS3 Glacier DeepArchive に保存した 場合の費用5.88ドル（617円）
・1カ月分のデータ（2940ガバイトギ）を取り出す場合にかかる費用（S3標準 からの取り出しに限定）0ドル（0円）

　なお、A社の事例では書き込みリクエスト、読み込みリクエストに伴う費用は 1ドルより小さいため省いています。
　年間の試算表では以下のケースで集計しています（**表3**）。

・S3標準のみにデータ保存した場合　5733.00ドル（60万1965円）
・3カ月でS3 Glacier DeepArchive にローテーションした場合　2713.62ドル （28万4930円）

表2 ストレージ利用料金の月間の試算表

試算表（月間）
1カ月分のデータをS3標準に保存した場合の費用

	月間のデータ量	ストレージ単価	月間のデータ保管料
ECサイト（毎時2GBの書き込み）	2GB/時間×24時間×30日 = 1440GB		$36.0
業務システム（毎日50GBの書き込み）	50GB/日×30日 = 1500GB	$0.025/GB	$37.5
合計	2940GB		$73.5

※書き込みリクエスト、読み込みリクエストに伴う費用は$1より小さいため省略

1カ月分のデータをS3 Glacier DeepArchiveに保存した場合の費用

	月間のデータ量	ストレージ単価	月間のデータ保管料
ECサイト（毎時2GBの書き込み）	2GB/時間×24時間×30日 = 1440GB		$2.9
業務システム（毎日50GBの書き込み）	50GB/日×30日 = 1500GB	$0.002/GB	$3.0
合計	2940GB		$5.9

※書き込みリクエスト、読み込みリクエストに伴う費用は$1より小さいため省略

表3 ストレージ利用料金の年間の試算表

試算表（年間）
S3標準に12カ月間データ保存し続けた場合

S3標準	データ量	35280GB
	利用料金	$5,733.0
	合計	$5,733.0

※データ取り出し費用は0のため省略

S3標準に3カ月間保存し、S3 Glacier DeepArchiveにローテーションした場合

S3標準	データ量	8820GB
	利用料金	$2,425.5
S3 Glacier DeepArchive	データ量	26,460
	利用料金	$288.1
	合計	$2,713.6

※データ取り出し費用は0のため省略

　結果として、3カ月のローテーションを行いGlacier Deep Archiveを活用した場合、ストレージの使用料金では、60万1965円-28万4930円=31万7035円のコストメリットがあります。

　このようにみると、どのストレージクラスにデータを保存すると利用料金が節約できるかがわかります。今回A社の事例ではデータ量は2940ギガバイトと少なめですが、これが数百テラバイトといった大容量のデータとなれば、年間で数千万円の単位でストレージの利用料金が抑えられます。Azureにおいてもほぼ同

69

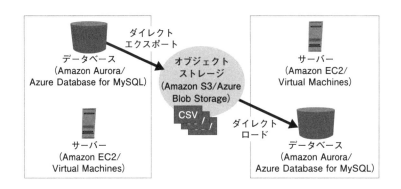

図6 データベースのダイレクトロード／ダイレクトエクスポート

様のコストメリットが得られます。

　データ基盤では、このような使用頻度の低いデータのライフサイクルについての設計も重要になるのです。

　ただし、データへのアクセス頻度が高くなってしまうと逆に割高になります。そのため、実際の現場では最初は標準のストレージにデータを全て蓄積し、利用状況を見ながら Glacier や Azure Blob Storage のアーカイブ層の利用を検討するパターンが多いです。

直接MySQLのデータを扱う

　最後に MySQL データベースをデータ分析基盤で利用する際のポイントを解説します。A 社のデータ基盤は、データレイクにあるデータを様々な方法で再利用するという構成です。そのため MySQL にあるデータを 1 度 CSV ファイルに出力し、データを連携する方式を採用しています。

　そこでポイントとなるのが、ダイレクトロード／ダイレクトエクスポートです（**図6**）。これらはオブジェクトストレージから MySQL に直接 CSV ファイルをロードしたり、エクスポートしたりする方法です。

　MySQL にデータをロードするには、MySQL コマンド「load data local infile 」でリモートから CSV ファイルを取り込みます。図1や図2の構成では、データ分析基盤の仮想サーバー（EC2/Virtual Machines）から MySQL に CSV ファイ

ルを取り込む構成になっています。この方法では、（1）オブジェクトストレージから仮想サーバーにデータを連携、（2）仮想サーバーから MySQL にデータをロード、という 2 工程が必要です。

　これを 1 工程に省略する手段がダイレクトロード／ダイレクトエクスポートです。Aurora MySQL では、MySQL ユーザーに Aurora 独自の権限付与、Aurora MySQL から S3 へのアクセス権限を定義する IAM ロール、ネットワーク設定などを施すことで、Aurora MySQL 独自の拡張機能の SQL コマンドでダイレクトロードできます。この方法はプレフィックスベースの指定になるので、所定の場所に保存されるファイル群を一括で取り込むケースで有効です。

　Azure ではダイレクトロードはできませんが、Azure Blob Storage の Azure Files を利用すれば、それに近いことが実現可能です。まず、Virtual Machines から Azure Files をマウントします。すると Azure Files のデータを Virtual Machines のローカルディスクとして扱えます。これでローカルにデータを持ってこなくても MySQL コマンド「load data local infile」で直接ロードできるようになります。

　続いて、ダイレクトエクスポートの実現法を見てみましょう。MySQL からデータ連携用サーバーにデータをダイレクトエクスポートするには、MySQL クライアントで SQL の実行結果をリダイレクトしてファイルに保存する方法や CSV 出力に対応したプログラムを作るソフトを導入する方法があります。AWS では、データロードの場合と同様に必要な設定を施すことでデータエクスポート時も Aurora MySQL から S3 へのダイレクトエクスポートが実行可能です。ただし、ファイル名が指定できなかったり、サイズが大きいと自動的に分割されたりするといった制約があります。

　Azure ではデータロードの場合と同様に、Azure Files のデータを Virtual Machines のローカルディスクとして扱えるので、MySQL クライアントでの SQL 実行結果をリダイレクトする先をマウントした Azure Files に指定できます。

　このようにダイレクトロードやダイレクトエクスポートを利用すれば、データ連携用のサーバーのストレージ領域を心配しなくて済むというメリットがあります。データ連携用サーバーに一時保存するデータが増えてしまう場合は、考慮してみるのもよいでしょう。

3-2　ストリーミングデータ（AWS ／ Azure）

ラムダアーキテクチャーで拡張性と保守性を備える

分析用のデータ基盤には大容量データを素早く処理することが求められる。それにはラムダアーキテクチャーの設計概念が有効だ。AWS と Azure それぞれで分析用データ基盤を構築する方法を解説する。

　大企業のデータ基盤は、ビッグデータ分析に代表されるように大容量のデータを素早く処理することが求められます。ここでは大企業のデータ基盤を AWS（Amazon Web Services）および Microsoft Azure で構築する際の設計ポイントを解説します。

ラムダアーキテクチャーの3層構造

　ラムダアーキテクチャーは、2012 年に Apache Storm の作者である Nathan Marz 氏が提唱したもので、「バッチレイヤー」「スピードレイヤー」「サービスレイヤー」という3層構造でデータ基盤の拡張性や保守性を実現する設計概念です（**図1**）。
　バッチレイヤーは生データを保持したり、定期的にバッチ処理（データ加工や集計処理など）を実行したりします。主に過去のデータを扱います。サービスレ

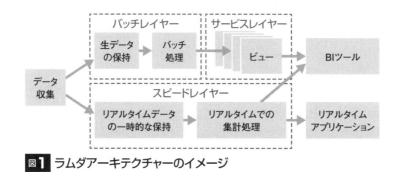

図1 ラムダアーキテクチャーのイメージ

イヤーはバッチ処理で得られるビュー（集計結果や分析可能な加工済みデータなど）をクライアントに提供します。このビューはBIツールやSQLで参照可能なデータとなっています。スピードレイヤーはリアルタイムに送信されてくるデータを一時的に保持したり、リアルタイムにデータを処理したりします。直近の数秒や数分、数十分のイベントのストリーミングデータを扱います。

　ストリーミングデータとは、急速に生成されて絶えず流れている、無制限に発生し続けている、という特徴があります。FacebookやTwitterといったSNSのデータが代表的でしょう。Twitterでは毎秒ツイートが大量発生し、急速にデータが生成されてタイムライン上に絶えず流れている状態です。そしてツイートに限らずフォローやリツイートといったデータなども含め、無制限にデータが発生し続けています。

　このようなストリーミングデータと従来のデータ基盤が得意とするバッチ処理の定期実行で得られる集計結果を組み合わせて分析できるのが、ラムダアーキテクチャーです。

データ量の肥大化に悩む大企業B社

　全国に大型商業施設を展開する大企業B社をモデルにAWSおよびAzureでどのようなデータ基盤が構築できるかを見ていきます。B社が展開する各商業施設では、食品や衣料、家電、雑貨などを販売しています。施設利用者がスマホアプリを登録すれば、スマホを財布代わりに利用できます。利用者にこの決済システムの利便さが受け入れられたことに加えて、スマホアプリから得られる顧客情報を経営戦略に反映して急成長しているのがB社です。

　B社が収集するデータは、（1）商業施設内の店舗POSデータ（売上金額や販売個数、在庫情報）、（2）スマホアプリから送信されるデータ（アプリの操作情報や年齢、性別、来場経路といった顧客の属性情報、施設内での購買行動履歴）、（3）商業施設内に設置したIoT機器のデータ（商品陳列棚に設置したIoTセンサーで顧客が手を伸ばしたかどうかを検知したストリーミングデータ）の3つがありました。

　B社がデータ基盤に求める要件は、（A）IoT機器のデータを収集・蓄積・分析し、施設内の顧客動向に合わせた効果的な施策を打ち出して売り上げを伸ばす、

（B）これまでに収集した顧客データとIoT機器のセンサーデータをひも付けて様々な角度で分析し、新たな商品開発や経営の意思決定の材料にする、という2つです。

　B社のデータ基盤はラムダアーキテクチャーを採用していました。スピードレイヤーにはPOSやスマホアプリから送られてくる店舗の売り上げ情報をリアルタイムに集計する処理と、IoT機器のセンサーデータを収集・加工して異常を検知する処理が含まれます。一方、バッチレイヤーには日次や月次で分析用のデータを集計する処理が含まれています。

　これまでは問題なく運用できていたのですが、事業規模が拡大するに連れて課題が発生しました。それは扱うデータ量が増加し、通常のRDBMSではバッチ処理に長時間かかるようになったのです。そこで大容量データをまとめて素早く分析できるデータウエアハウスをクラウドサービスで構築することになりました。

AWSでのデータ基盤構成例

　AWSで構築する場合の構成図から見ていきましょう（**図2**）。「Elastic

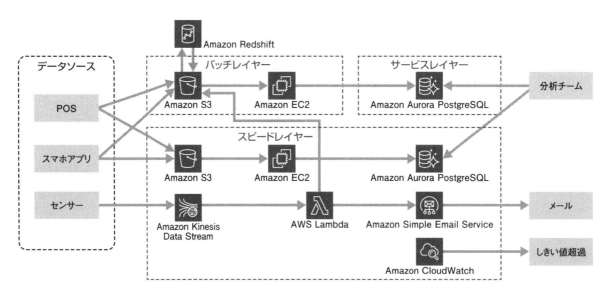

図2 AWSでの構成例

Compute Cloud（EC2）」は AWS 上 の 仮 想 サ ー バ ー で、「Simple Storage Service（S3）」はオブジェクトストレージサービスです。「Amazon Aurora PostgreSQL」は PostgreSQL サーバーエンジンに基づいたリレーショナルデータベースのフルマネージドサービスです。

　「Amazon Redshift」は様々な箇所から発生するデータを収集・統合・蓄積し、分析のために保管しておくデータウエアハウスのフルマネージドサービスです。RDBMS のように継続的な書き込みや更新には不向きですが、分析に使う大容量データを一括して読み書きする処理に最適化されています。

　「Amazon Kinesis Data Streams」は、大規模なストリーミングデータを一時的に保持するフルマネージドサービスです。データ量の増大に合わせてオートスケーリングする特徴があります。「AWS Lambda」はサーバーをプロビジョニングせずにコードを実行できます。実際に使用したコンピューティング時間で課金され、コードを実行していなければ料金がかかりません。「Amazon Simple Email Service」はクラウドベースのメール送信サービスです。「Amazon CloudWatch」は AWS 上の各種サービスのリソース（CPU やストレージの使用量など）を監視できます。

　続いて、全体のデータの流れを説明します。

・スピードレイヤー
　構成例には大きく 2 つのデータ経路があります。1 つ目は 10 分置きに転送される店舗 POS データとスマホアプリから随時転送されてくる商業施設内の販売データです。ここでは、顧客の属性情報は省き、店舗名や商品名、売上金額のみを対象に集計しています。日次バッチ処理を待たず、リアルタイムに各店舗の売り上げを速報値として把握することが目的なので商品の返品や交換などの情報は集計していません。

　2 つ目は IoT 機器から送られてくる異常値を含んだデータや破損したデータです。IoT 機器のセンサーデータは Amazon Kinesis Data Streams に転送し、一時的に保存します。そして 1 秒置きに AWS Lambda を実行し、順次加工処理を施して S3 に格納します。この処理中に異常な数値を発見したり、変換に失敗したりするようなデータを発見すると、Amazon Simple Email Service を利用して、

管理者に通知が飛ぶように設定されています。また、Amazon CloudWatch でリソースを監視し、データが急激に増大した場合などに通知します。

・バッチレイヤー

　POS データやスマホアプリデータ、IoT 機器のセンサーデータは全て S3 に収集・蓄積されているので、蓄積されたデータを Amazon Redshift に日次バッチで一括してロードし、結合・集計処理を施します。その結果を CSV ファイルにして S3 に格納します。

　その後、EC2 が S3 の CSV ファイルを Aurora PostgreSQL に格納します。このシステムでは、データが生成されてから翌日には店舗データやスマホアプリデータ、IoT 機器のセンサーデータと、過去の顧客の購買行動履歴を含めた全てのデータを反映したサマリーデータが参照できるようになります。

・分析チーム

　サービスレイヤーに用意された集計データと、リアルタイムに収集されたデータの両方を分析チームが分析し、様々なレポートを作成します。そのレポートを基に経営企画部門や営業部門の担当者が商業施設内の各店舗にキャンペーンなどの施策立案を指示し、より売り上げ拡大効果のあるアクションに結び付けます。

Azureでのデータ基盤構成例

　図 2 の構成を Azure で作る場合を見てみましょう（**図 3**）。主要なパブリッククラウドのサービス構成は類似性が高く、設計の考え方にも共通点があります。B 社の構成も AWS と Azure で 1 対 1 に対応しているものばかりです。

　「Azure Blob Storage」はオブジェクトストレージサービスで、「Virtual Machines」は Azure 上の仮想サーバーです。「Azure Database for PostgreSQL」は PostgreSQL サーバーエンジンに基づいたリレーショナルデータベースのフルマネージドサービスです。

　「Azure SQL Data Warehouse」はデータウエアハウスのフルマネージドサービスです。「Event Hubs」はストリーミングデータを受信し、一時的に保持するサービスです。1 秒間に何百万ものイベントを受信して処理できます。Event Hubs に送

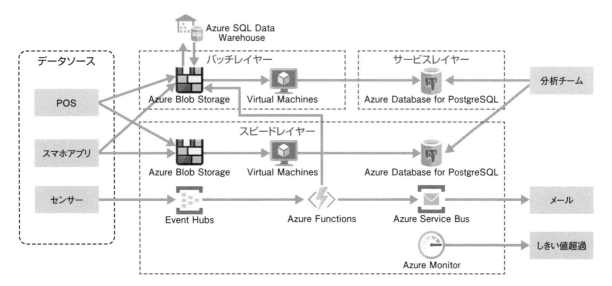

図3 Azureでの構成例

信されたデータは、任意のリアルタイム集計処理を通して変換や保存が可能です。

「Azure Functions」はサーバーレスに小規模なコード（関数）を実行できるマネージドサービスです。「Azure Service Bus」は分離したシステム間でのメッセージを送受信するサービスです。「Azure Monitor」はリソース監視のサービスです。しきい値をトリガーにメールなどで通知できます。

ストリーミングデータ専用サービスを採用した理由

B社の商業施設で使用しているIoTセンサーは、商品の陳列棚に配置してあるセンサーです。人が棚にある衣服に触れた際に反応し、データを転送します。そのデータを収集・分析することによって、顧客の商品への接触と、売り上げの相関関係を分析することを目的としています。

しかし、繁忙期には極端に顧客の接触回数が増え、データが急激に増大する可能性があります。しかも大きなデータが一度に送られるのではなく、小さなデータ（キロバイト単位以下）が大量に送られてくるので、ストリーミングデータを受け取るストレージには高速に読み書きでき、オートスケールすることが求められます。

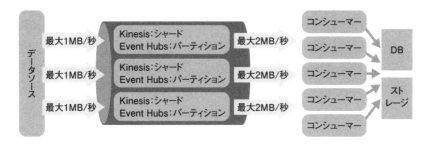

図4 Kinesis Data StreamsとEvent Hubsのアーキテクチャー

　さらにIoT機器のセンサーデータにはそもそもシーケンス番号が振られていないため、データの中身を見ても順序が分からないものがあります。届いた順に加工処理する場合は、データが届いた順番とどこまでデータが処理されたのかという情報も保持しなければなりません。もし受信するストレージ側がシーケンス番号や処理状況を管理できれば、ストリーミングデータの処理にかかる手間を大幅に削減できます。

　Amazon Kinesis Data StreamsやEvent Hubsは先述の課題を解決できます。各要素の名称こそ異なりますが、どちらも似た構造になります（**図4**）。

　Amazon Kinesis Data Streamsにはシャード（Shard）があり、Event Hubsにはパーティション（Partition）が存在します。これらはシャードやパーティションからのデータを受信するコンシューマー側が同時に複数のイベントを並列処理で受信できるために存在します。コンシューマーはストリーミングデータを処理してオブジェクトストレージなどに格納するアプリケーションのような役割を担います。

　続いて、それぞれの機能と料金体系を見ていきます。Amazon Kinesis Data Streamsはシャードと呼ばれる単位でストリーミングデータを受信します。1つのシャードで1秒当たり最大1MBのデータを受信でき、1秒当たり1000レコードを受け取れます。一方、コンシューマーへのデータ転送量は1秒当たり最大2MBです。レコード件数は最大で1万レコードを送れます。

　各シャードで受信したデータの保存期間はデフォルトで24時間ですが、オプションで最大7日間保持できます。料金は1時間当たりの利用シャード数に応じ

て課金されます。

オートスケールの機能は、「AWS Application Auto Scaling」により、Amazon Kinesis Data Stream に対してシャードを自動的に追加・削除するスケーリングポリシーを定義できます。

一方の Event Hubs を見てみます。同サービスはパーティションと呼ばれる単位でストリーミングデータを受信します。ただし Amazon Kinesis Data Streams と異なり、データ受信量を名前空間ごとにスループットユニット（秒間 1MB または 1 秒当たり 1000 レコードの取り込みデータ量）という単位で区切っています。そのため料金はパーティション数ではなく、時間当たりのスループット単位で課金されます。データの保持期間は Basic プランでは 24 時間、Standard プランで最大 7 日間です。オートスケールの機能には「自動インフレ」という仕組みがあります。

設計のポイント

B 社の事例では、IoT 機器のセンサーデータは急激なデータ量の増加やデータ欠損、ネットワーク環境の悪化などで、転送の遅延などが日常的に発生していました。こうした課題はスピードレイヤーでのストリーミングデータ処理のサービスで解決できます。

例えば変換に失敗したデータはエラー専用のオブジェクトストレージに退避し、後続データを処理し続けるようにコンシューマーのプログラムを作ることもできます。ストリーミングデータ処理のサービスはデータが遅延して届いても各ストリームの処理フローに対して、データを均等に振り分けてデータ処理が詰まらないようにコントロールしてくれます。データ量の急増にはオートスケーリングで対応できます。このような異常ケースを想定して、自動的に処理できるよう事前に設計要素を洗い出すことが肝要です。

続いて、バッチレイヤー側の設計ポイントです。B 社のデータ基盤の中心はデータレイクのオブジェクトストレージです。AWS では S3、Azure では Blob Storage が相当します。B 社はデジタル化を経営戦略の柱に据えたので、データレイクの構築には非常に高い要求がありました。従来のデータ基盤と大きく異なる前提条件が（1）やりたいことが後から変わる、（2）集めるデータは後から増

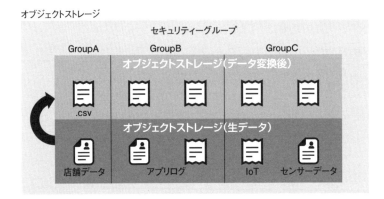

図5 B社のデータレイクイメージ

える、（3）柔軟かつスピーディーに対応したい、という3つです。

（1）と（2）は今後の拡張性です。現在、ビジネスを取り巻く環境は一気に変化します。今後、新たなサービスや新しい技術の登場で、やりたいことやできることが増えていきます。また、IoT機器などの普及に伴い、収集可能なデータも爆発的に増えることが予想されます。環境変化に柔軟かつスピーディーに対応できるようなデータレイクにすることが、企業の競争優位性につながります。（3）の柔軟かつスピーディーに対応したいというのは、生データをいつでも再利用できるようにすることに相当します。つまり、素早くデータを変換し、利用しやすい形にできる機能になります。

これらの要件を満たす構成が、オブジェクトストレージとデータウエアハウスによるデータレイクです。B社のオブジェクトストレージは**図5**のような形でデータを保持しています。

生データと加工済みデータを別々に保持する理由は、加工していない生データはそのまま利用するのが難しいからです。最近、分析アナリストの間で問題になっているのが、前処理にかかる時間が多すぎることです。分析よりも分析に耐え得るデータの作成に時間がかかってしまうことがあるのです。

B社では、こうした課題をデータレイク側で対処するため、生データと加工済みデータを別々に保持しています。加工済みデータが用意されていることで、デー

タ利用者側は、容易にデータを取り込めるようになります。

　結果としてB社では、加工済みデータを用意する前より、データ活用が促進されました。

データウエアハウスサービスの相違点

　B社のデータレイク設計思想は、生データからいつでも利用要望に合わせて様々なデータを用意できるようにしておくことです。そのためには大容量データに対して複雑な分析処理が必要です。そこで登場するのがRDBMSよりも大規模なデータ分析処理に適した、サービスレイヤーのデータウエアハウスです。

　図2と図3では「Amazon Redshift」と「Azure SQL Data Warehouse」を使っています。これらのサービスには共通点と相違点があるので注意しましょう。

　2つのクラウドサービスの共通点は、大規模データに対して「並列・分散」によって処理を高速化するデータベースということです。リーダー／コントロールノードによってクライアントから受けたリクエストを複数のコンピュートノードとストレージで分散処理・保存します。処理結果はリーダーノードが集約してクライアントに返すという構造を備えています（**図6**）。データの格納方法も特定列を大量にスキャンしてカウントしたり、計算したりするような処理の高速化に適した「列志向」の構造となっています[*1]。

　一方、Redshiftはコンピュートストレージ一体型と分離型の両方があるのに対して、SQL Data Warehouseは分離型という点が異なります。Redshiftの一体型

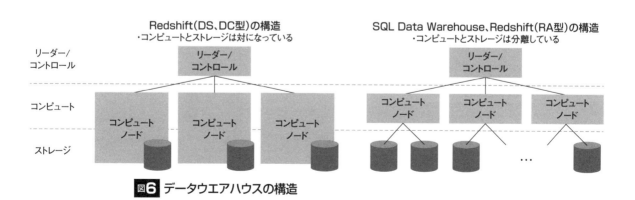

図6 データウエアハウスの構造

はコンピュートとストレージが一体となった「インスタンス」の単位で処理能力
の増減を管理します。ストレージ I/O の高速な SSD タイプ（dense compute：
dc）とデータ収容量に優れる HDD タイプ（dense storage：ds）の 2 つのタイプ
が用意され、いずれかのタイプで複数台を構成するクラスターです。

　コンピュートノードとストレージが一体となっているので、I/O のオーバーヘッ
ドを抑えやすくなります。ただし処理能力とストレージを別々に強化できません。
クラスタメンバーのノード数を増減すると、保存しているデータの再分散処理が
発生します。

　Redshift の分離型は、1 インスタンスあたり最大 64TB まで自動拡張する実使
用量課金型のマネージドストレージを持ち、インスタンスの数とサイズでコン
ピュート能力を調整可能な ra タイプによるクラスターです。

　SQL Data Warehouse はコンピュートとストレージが別々です。特にストレー
ジはあらかじめ用意されている 60 のストレージに分割されます。コンピュート
ノードとのマッピング情報に基づいて管理されており、コンピュートノードの増
減時にはマッピング情報の更新だけでデータを再分散する必要はありません。

　コンピュートは DWU（第 1 世代）または cDWU（第 2 世代）という性能指標
数値で管理され、DWU 値 /100、cDWU 値 /500（繰り上げ）が実際のノード数
に相当します。コストは「DWU ごとのノード起動時間課金＋ストレージの実使
用量」になります。また Redshift とは異なりノードの「停止状態」をサポートし
ています。停止によって課金を抑えつつ、開始によって速やかに利用を再開でき
るようになっています。

　今回は、大企業 B 社をモデルにデータ基盤の構成を見てきました。次回も異な
るシナリオを用意して、AWS および Azure でどのようにデータ基盤を設計でき
るのかを解説していきます。

---

*1

SQL Data Warehouseは行指向の「Heap Table」も利用できます。

3-3　データカタログ（AWS）

分析システムと人をつなぐ データカタログで資産を整理

データ量の増加や活用が進むことでデータ基盤は成長する。成長する基盤では、データの在りかを把握できないといった問題が発生しがちだ。データ資産を整理し、アクセス効率を高めるのが「データカタログ」である。

　本書ではこれまで Amazon Web Services（AWS）や Microsoft Azure を使ったデータ基盤の設計ポイントを中心に解説しました。今回はデータ基盤に蓄積したデータを使いやすくする「データカタログ」を説明します。

IT部門以外がデータを活用する

　従来は IT 部門の担当者がデータウエアハウス（DWH）や BI（Business Intelligence）といったシステムやツールを作ってマーケティング部門や流通部門、企画部門といった利用部門が使うデータを用意していました。しかしデジタル化の取り組みでは、利用部門の人たちが直接企業内のデータにアクセスするようになります。

　こうして活用する人や部門が増えると、新たな課題が発生します。データを活用しようとする利用者は IT の専門家ではありません。IT に詳しくないので社内のどこに、どのようなデータがあるかを把握しづらいのです。データを表す用語が IT 部門と利用部門で一致しないこともあります。これは混乱を生む要因になります。しかし IT 部門の担当者が各部門の利用者に毎回手取り足取り教えるわけにはいきません。デジタル化で重要なスピードが落ちてしまうからです。

　このような課題に対応できるソリューションとして注目を集めつつあるのが「データカタログ」です。データカタログとは、データをカタログにして探しやすくする仕組みを指します。データカタログを適切に構築・運用できれば、IT に詳しくない利用者でも主体的にデータを探して活用できるようになります。

　データカタログは人だけではなくシステムも利用します。様々なシステムが社

83

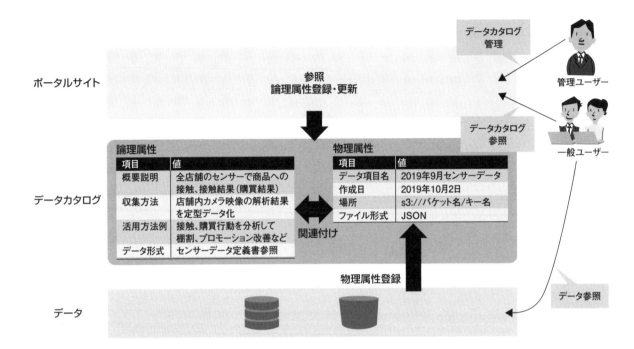

図1 パブリッククラウドでのデータカタログ概念図

内に存在するデータを認識して、それを処理の対象にする仕組みでもあるのです。つまりデータカタログは人が見て分かりやすいものであるのと同時にマシンリーダブル（システムが参照して処理しやすいこと）でなければいけません（**図1**）。

　データカタログはまだ新しい分野です。新たなツールやサービスが次々に生まれています。多くの選択肢がありますが、ここではAWSが提供するサービスを利用します。マシンリーダブルなデータカタログを効率良く作成したり、管理したりするのに優れているからです。

　一方、AWSが提供するサービスを使っても、人が見て分かりやすい形にするにはひと工夫必要です。データを入手する前にその内容や利用価値を説明した情報を確認できるようにします。そして利用者が活用方法のアイデアを考えられるようにするのです。このようなデータカタログを構築すれば、データを活用して価値を生み出すサイクルが回り始めるでしょう。

　ただし実現は簡単ではありません。データを表す用語を社内で1つずつ統一し、データカタログ上の物理データとひも付けなければなりません。データの概要や収集方法、活用方法など、人が読むことを前提とした自然言語での説明も必要です。これらは骨の折れる作業ですが、利用者の自発的なデータ活用を促進し、社内のサポート担当者の負担軽減につながります。

データ活用のさらなる高度化を目指すA社

　データカタログの構築法を具体的に見ていきましょう。引き続き、この第3章で取り上げている「全国に大型商業施設を展開する大企業A社」のその後を例にします。A社が展開する各商業施設では利用者がスマホアプリを登録すれば、スマホを財布代わりに利用できます。利用者にこの決済システムの利便さが受け入れられたことに加えてスマホアプリから得られる顧客情報を経営戦略に反映して急成長しているのがA社です。

　A社が収集するデータは、（1）商業施設内の店舗POSデータ（売上金額や販売個数、在庫情報）、（2）スマホアプリから送信されるデータ（アプリの操作情報や年齢、性別、来場経路といった顧客の属性情報、施設内での購買行動履歴）、（3）商業施設内に設置したIoT機器のデータ（商品陳列棚に設置したIoTセンサーで顧客が手を伸ばしたかどうかを検知したストリーミングデータ）の3つでした。

　これらのデータに対して前回はラムダアーキテクチャーを採用したデータ分析基盤を構築しました（**図2**）。スピードレイヤーで発生するデータをリアルタイムに集計し、バッチレイヤーでデータを日次／月次で集計します。元データは「Amazon Simple Storage Service（S3）」にすべて集約しています。どちらのレイヤーでもサービスレイヤーへ提供するデータは何らかの加工を施した上で利用者に提供していました。

　しかしA社ではデータ基盤の活用が進むにつれてデータ分析のリテラシーが向上し、「これまで提供されていたレポートよりも細かいデータを用いて柔軟に分析をしたい」「蓄積されてきた膨大な生データを多面的に分析したい」というニーズが高まりました。

　データソースはPOSやスマホアプリ、センサーで同じですが、データの種類や量は増えています。特にスマホアプリはバージョンアップを重ねて、データフォー

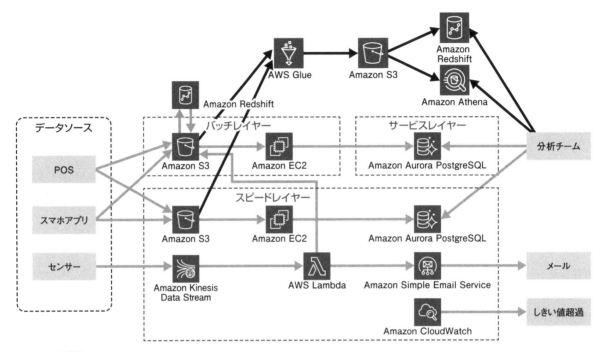

図2 AWSでの構成例

マットも変化しました。この先も進化し続けることが予想されています。このような状態でシステムの仕様に詳しくない分析担当者にデータへのアクセス権を提供しても混乱を招くだけです。

　そこで A 社は（1）データカタログを整備してデータ資産を一元管理する、（2）アドホックな分析クエリーを高速化するためにデータファイルを集約してファイルフォーマットを変更する、といった 2 点に取り組むこととなりました。

AWSでの構築例

　まず、データカタログを整備してデータ資産を一元管理する方法から見てみましょう。AWS で構築する場合の構成図を示します（**図3**）。「S3」はスケーラブルで低コストなオブジェクトストレージサービスです。「AWS Glue」は Apache Spark と呼ばれる分散処理フレームワークをベースにして機能を拡張した ETL

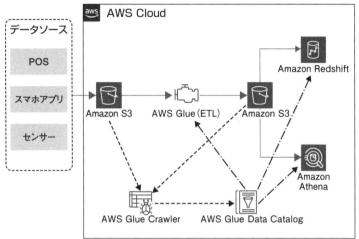

図3 簡略化したシステム構成図

（Extract/Transform/Load）サービスです。Hive メタストア[*1] 互換のデータカタログやメタデータの自動生成、クローラーによるデータ管理の機能、ジョブの実行順序を管理するワークフローなど、ETL 処理に有用な機能をセットにしたものです。

　「Amazon Redshift」はデータウエアハウスのフルマネージドサービスです。「Amazon Athena」は S3 上にあるファイルに対して直接 SQL を発行してアクセスできるサーバーレスのサービスです。前回取り上げた Amazon Redshift は、主に定型的な分析に利用するバッチ処理の高速化に用いていました。今回追加で構築する Amazon Redshift はアドホックなクエリーを処理するために用いています。Amazon Athena と同様に S3 上のファイルに直接 SQL を実行する機能「Amazon Redshift Spectrum」を活用します。

---

*1

Hadoop上でSQLを扱うHiveのテーブルやパーティションデータを保存する場所のこと。

*2

SQLライクなデータ操作言語HiveQLで構築するデータ構造の定義。

　AWS Glue は 様々な機能を提供します。その1つが「AWS Glue Data Catalog」です。これはデータカタログの本体に相当し、AWS のマネジメントコンソールや API からデータを登録できます。HiveDDL[*2] を使った登録にも対応しています。

　今回の構成では管理対象が S3 だけですが、「Amazon DynamoDB」「Amazon Redshift」「Amazon RDS」などのデータストアを管理することも可能です。Amazon EC2 上やオンプレミス環境に構築した各種 RDBMS も指定できます。

　ちなみに AWS のサービスである「Amazon Redshift Spectrum」「Amazon Athena」「Amazon Elastic MapReduce（EMR）」は、このデータカタログのデータ定義をそのまま用いて S3 上のオブジェクトにアクセスできます。S3 以外のデータストアにあるオブジェクトにもデータカタログの定義を利用したデータアクセスが可能です。

データカタログの構造は単純なRDBMS

　AWS Glue Data Catalog のデータカタログ構造を見ていきましょう。データカタログは管理対象となるデータの場所やアクセス方法、フォーマット、列の意味、データ型などの情報と論理的な意味情報を併せ持つメタデータのリポジトリーです。

　AWS Glue Data Catalog のデータカタログはシンプルな RDBMS と同じ構造で

図4 AWS Glueのデータカタログの概念モデルと管理情報

す。「データベース」「テーブル」「カラム」の3階層で構成します（**図4**）。データベースには「テーブルを束ねる単位」という意味しかありません。テーブルがデータカタログの1エントリーで、テーブルの詳細としてカラム定義があるという構造です。テーブルには、そのデータがRDBMSのテーブルなのか、S3上のオブジェクトなのかといった情報が含まれています。RDBMSの場合ならDBMSの種類やDBスキーマ、テーブル名、接続方法が記録されています。

　一方、S3上のファイルオブジェクトの場合は保存先とファイルのフォーマットが記録されています。S3とAWS Glueの間で入出力時に使用するApache Hiveのserde（シリアライザー/デシリアライザー）に関する情報も保持します。ファイルフォーマットに対応する適切なserdeを指定しなければなりませんが、serde自体の知識がなくても支障はありません。AWSのマネジメントコンソールからテーブルを作成する場合は、ファイルタイプを選択することで対応するserdeが自動的に割り当てられるからです。

　テーブルにはメタデータのエントリー自身に関する最終更新日時といった属性情報も含まれます。後述するクローラーを利用しているのかどうかといった情報やデータソース自身の行数なども記録されています。

　カラムには基本的な管理項目が記録されます。例えばRDBMSのテーブルの列定義やファイルオブジェクトの区切りによる項目定義などです。列名とデータ型が基本的な管理項目です。Hiveのパーティションで使う列情報も保持します。それぞれの階層でシステム利用や物理情報とは直接関係のない補足説明的な情報についてもカラムが保持します。

　テーブルやカラムの情報は自動でバージョン管理されていて、AWSのマネジメントコンソール上でバージョン間で定義を比較することも可能です。

メンテナンス負荷を軽減する「クローラー」

　データカタログは管理対象の変化に応じて、最新の状態にアップデートする必要があります。AWS Glue Data Catalogにはデータストアへの接続情報やカタログ上のリストを基に管理対象のスキーマ情報を検出し、データカタログの情報を新規作成・更新する「AWS Glue Crawler」機能を利用できます。これにより、データカタログの運用管理の負荷を軽減できます（**図5**）。

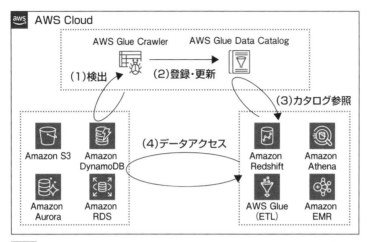

図5 AWS Glueのデータカタログ機能の仕組みと主な連携サービス

　テーブルを新規登録する際に AWS Glue Crawler を使用すると、接続情報で指定した RDBMS 上のテーブルを読み取ってデータカタログに登録できます。RDBMS のスキーマ以下のテーブルオブジェクトを一括で読み取ってデータカタログに登録したり、除外条件を用いて複数あるテーブルの一部だけをクローリングの対象にしたりできます。S3 に対しては指定した S3 バケットに保存されているファイルからデータカタログのテーブルを作成できます。

　デフォルトのクローリング時の挙動はデータカタログ上の定義を更新しますが、「新規の列があったら反映する（列削除や列のタイプ変更があっても反映しない）」「変更を無視する」といった設定も可能です。データソース上のオブジェクトそのものが削除されていた場合にも、「データカタログ上から削除」「データカタログ上は更新しない」「データカタログ上は廃止を示すマーキングだけする」といった設定が可能です。

　また、AWS Glue Crawler はスケジュール実行できます。クローラー1つひとつに対して cron 形式で起動時刻を指定でき、マネジメントコンソールから最終実行時の結果をサマリーで確認したり、CloudWatch Logs に出力されたログから詳細な挙動を確認したりできます。また、CloudWatch Events と連携すれば、クローラーの起動や成功／失敗をハンドリングし、通知を送る機能と組み合わせ

ることも可能です。

分析クエリー処理の高速化

　ここまで、データカタログを整備してデータ資産を一元管理する方法を説明しました。続いて、分析クエリー処理の高速化の施策を解説します。

　A社はアドホックな分析クエリー処理の高速化に向けて、（1）行指向ファイルフォーマットである「CSV」や「JSON」といった形式を列指向の圧縮フォーマットである「parquet」に変換する、（2）小さくバラバラと蓄積されているファイルを処理効率が高いサイズに集約、（3）利用頻度やデータ保持期間などを考慮した保存単位とアクセスパスへの変更する、という3つの施策に取り組みました。これらの処理をETLが実行します。

　分析処理では特定の列（フィールド）の行にアクセスして集計・分析を実施するケースが多くなります。行指向のファイルフォーマットでは不要な領域へのデータ走査が発生してしまいます。列指向ファイルフォーマットならファイル内の必要な領域のみに効率的にアクセスでき、高速化が期待できます。

　AWSではAmazon EMRやAmazon AthenaがS3上のオブジェクトにアクセスする際、1ファイルのサイズは128MB～数GBが適切であると案内されています。ファイルサイズ小さすぎると処理速度の低下を招きます。

　高速化に寄与するパスの指定方法も覚えておくとよいでしょう。保存するオブジェクトのパスを「/sales/year=2019/month=01/」のように管理します。すると、発行するSQLの条件式に応じてスキャンする範囲を絞り込めるようになります。これで適切な範囲のファイルのみをスキャンできます。

マルチクラウドの注意点

　ここまでAWSにおけるデータカタログ構築法を説明してきましたが、クラウド利用を進める多くの企業はマルチクラウドの採用が一般的になりつつあります。

　マルチクラウドの場合、パブリッククラウド間の共通化が重要な課題になります。あるパブリッククラウド固有の仕様に依存してしまうと、他のパブリッククラウドを併用するときに移行性が乏しかったり、ノウハウの流用ができなくなっ

たりするからです。

　ただしデータカタログにはまだ業界標準と呼べる仕様がありません。パブリッククラウド各社が独自仕様で実装しています。あえてパブリッククラウドのサービスが提供する機能の利用範囲を狭めて、クラウド間で共通化できるプロダクトを採用する視点も重要です。

　AWS ではこれまで見てきたように AWS Glue が提供する物理属性の管理機能を利用することが重要になります。様々なサービスが AWS Glue のデータカタログを参照してデータを認識するので、A 社の場合は物理属性を AWS Glue に管理させるのは必須と言ってもいいでしょう。クローラーが自動でデータの属性を収集・管理できるのも大きな利点です。

　しかし論理属性を AWS Glue に依存する必要性は大きくありません。論理属性は概要説明や活用方法といったデータに関する説明文です。これらを管理・参照するのは人間です。AWS 内で自動収集されるものでもサービス間で相互参照

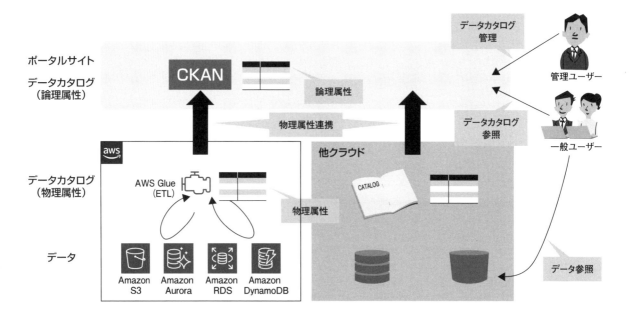

図6　A社が構築したデータカタログの構成

されるものでもありません。つまりクラウド環境には依存しません。

そこで A 社は特定のパブリッククラウドに依存せず、オープンで広く利用されている「CKAN」を使うことにしました（**図 6**）。CKAN はデータカタログを管理するために作られたオープンソースソフトウエア（OSS）です。官公庁や自治体などの公的機関から利用が広がっており、OSS では広く利用されているプロダクトです。CKAN には、データカタログを登録・変更・参照するための API と、ポータルとして公開するための機能が含まれています。

A 社では、CKAN を導入した仮想サーバーをデータカタログのポータルサイトとして構築しました。データを登録・変更する API を利用して、管理機能を作り込みます。AWS Glue が持つ物理属性を取り込んで、これに論理属性を付加する機能を提供しています。データの管理者が論理属性を追加していく仕組みです。社内でデータを利用する担当者は、ポータルサイトで社内にどのようなデータがあるのかを検索しながら利用のアイデアを考えます。

ルールを作り、メタデータの品質を維持

論理属性に入れる説明文はデータ活用を促すために重要です。データ内容を正確に把握でき、何に利用できそうかを想像しやすい説明文を入れましょう。

そこで論理属性を管理するルールやガイドラインの作成をお勧めします。ルールやガイドラインがないと、データのオーナーでなければ理解できないような記述が増えてしまいがちになり、自発的なデータ活用を妨げる要因となってしまいます。

ガイドラインでは、データを表す用語を社内で統一し、正確に把握できるようにします。具体的な記述レベルや文例などを掲載するのも有効です。

3-4　Oracle Cloud Infrastructure

1製品で統合型基盤を構築
重要度で可用性をランク付け

統合型のデータ基盤は簡単に非構造化データを活用できる。オラクルユーザーなら Oracle Cloud Infrastructure（OCI）がクラウド移行しやすい。シームレスなクラウド移行を可能にするデータ基盤の設計法を学ぼう。

　前節まで「Amazon Web Services（AWS）」や「Microsoft Azure」を使ったデータ基盤の構築シナリオを説明しました。これらのパブリッククラウドはオブジェクトストレージにデータを格納し、個々のサービスでデータを活用するという利用方法です。

　ここでは統合型データ基盤を米オラクル（Oracle）のパブリッククラウドサービス「Oracle Cloud Infrastructure（OCI）」で構築する方法を解説します。統合型は1つの製品に RDBMS や NoSQL、Analytic の機能が集約された構成になるという特徴があります。仮想企業の C 社を例に見ていきましょう。

SNSデータを活用したい大企業のC社

　以前から北米に進出している製造業大手の C 社は現地オフィスに近いデータセンターで現地法人の社内システムを運用しています。業界各社が DX（デジタルトランスフォーメーション）に取り組むなか、C 社でも SNS のデータをはじめとした外部データを取り込んで販売促進に活用することになりました。まず C 社の製品シェアが高い北米の現地法人でデータ基盤を構築し、その効果を確認することにしたのです。インフラにはクラウドサービスを利用し、追加開発のスピードアップも狙っていました。

　新データ基盤の目的は、（1）SNS データを分析して販売促進施策の効果を可視化し、評価と改善に生かすこと、（2）データ基盤はクラウド化するが基幹システムのパフォーマンスと可用性は落とさないこと、という2つです。

　C 社のシステムは Oracle Database を使用していました。機能や品質を評価し

ていて、SIer の手厚いサポートが受けられていたからです。システムの構築・保守は一括してグローバル展開する日本の SIer に依頼していました。

C 社はデータ基盤の構築もこれまでと同じく日本の SIer に依頼することにしました。C 社の業務とシステムに精通していることや C 社内にシステムを内製できるスキルセットを備えた人材がいないこと、短期間で大きく体制を変えるのが難しいこと、SIer への依存度が大きいこと、などが主な理由です。SIer は製造業の DX 案件に取り組んだ実績があったため、DX のコンサルティングも依頼することにしました。

SIer にデータ基盤の構築方法を相談した結果、OCI であればスムーズに移行でき、SIer 側の体制が変わらないことが分かりました。OCI が最適であると判断したのです。

OCIだからできるクラウドジャーニー

オンプレミス環境をクラウド環境に移行することを「クラウドジャーニー」と呼びます。移行の実現には「技術」「体制」「運用」の3つをスムーズに変革していかなければなりません。現在、多くのユーザーが開発スピードや柔軟性の向上、運用コストの削減などを狙いデータ基盤をパブリッククラウドで構築しようとしています。しかし自社やパートナーにパブリッククラウドでの構築体制やノウハウがなく、諦めているユーザーがとても多く見られます。とりわけミッションクリティカルな基幹システムをオンプレミスで動かしている大企業はその傾向が顕著です。

■オンプレミスと同じアーキテクチャー
同じアーキテクチャーだからできる**移行性**

■統合型データベース
蓄積された技術に基づく**シームレス**なDB基盤

■SIerサポートの充実
長年にわたり築かれた**サポート体制**

図1 OCI のメリット

95

OCI にはクラウドジャーニーをスムーズにする 3 つの特徴があると筆者らは考えています（**図 1**）。

1 つめはオラクルのソフトウエアがオンプレミスとクラウドで同じアーキテクチャーを採用していることです。クラウド化の際に変換が少なく済むのは大きなメリットになります。

OCI は長年オンプレミスで培ってきた技術を採用しています。複数ノードへの同時に読み書きを実現する可用性の高いデータベース「Real Application Clusters（RAC）」や、機械学習機能などを利用してパフォーマンス最適化やパッチの適用、バージョンアップなどを自動実行する自律型データベース「Oracle Autonomous Data Warehouse（ADW）」という機能があり、データベースサービスが充実しています。

セキュリティー面も進化し、「Oracle Data Safe」という機能も提供されています。DB の活動状況の監視や機密データの発見、DB のマスキングによるセキュリティーリスクの回避などの機能を利用できます。

2 つめの特徴は「Oracle Big Data SQL」という統合型データ基盤のサービスが用意されている点です。このサービスは「Oracle Big Data」のアドオンとして動き、NoSQL や Hadoop などに格納された非構造化データと RDBMS に格納された構造化データを 1 つのインターフェースで取り扱える DB サービスです。

同一の SQL 文で非構造化データと構造化データを一元的に扱えるため、システム間連携の設計や構築の手間が省けます。節約した時間をより付加価値を生む

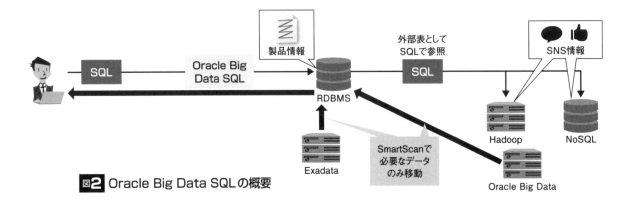

図2 Oracle Big Data SQL の概要

作業に費やせるようになります（**図2**）。

　特徴の3つめはSIerの手厚いサポートが受けられる点です。Oracle Database を利用しているユーザーにはとても好都合です。Oracle Database から他のDB にマイグレーションするとなれば、SIerのOracle Database担当部門だけでは手に負えなくなります。他の部署・部門と連携したり、担当部門の変更が必要だったりするかもしれません。

　SIerに体制変更があると長年の付き合いで培った顧客企業に関するナレッジが失われ、開発スピードが落ちてしまう可能性もあります。OCIならそのような心配はありません。自社で環境構築が難しい場合でもSIerのサポートを受けてクラウド化しやすくなります。

OCIにおける可用性設計

　OCIを使ったシステム構築を目指すC社とSIerは、まずリージョンを選定しました。リージョンは構築するシステムを配置するロケーションのことです。リージョンが異なるとデータ基盤を置く国または地域が変わります。

　リージョンを決める際は構築するシステムに必要なOCIのサービスがそのリージョンに存在するかといったことに注意しましょう。リージョンによっては対応していないサービスがあるからです。これ以外にも冗長性を確保できるか、データの持ち出しに規制はないか、アクセス元からのレスポンスは許容範囲内か、などを考慮して決めます。

　C社は北米の現地法人のデータ基盤の中から「SNSデータを取り入れるデータ基盤」と「保守期限切れが近いシステム」を優先して米国バージニア州にあるアッシュバーンリージョンに移行する計画を立てました（**図3**）。システム全てを一気にクラウド化せずにオンプレミスとクラウドのハイブリッド環境を構築して徐々にクラウド環境に移行します。最先端の新機能が早期にリリースされるアッシュバーンリージョンでスモールスタートし、新機能を活用しつつノウハウを蓄積できると判断しました。ノウハウを蓄積すると同時に成果を上げられれば、データ基盤をさらに大きく発展させることにつながります。

　C社はハイブリッド構成にするためにクラウド環境とオンプレミス環境をつなぐ「FastConnect」という専用接続サービスを利用します。

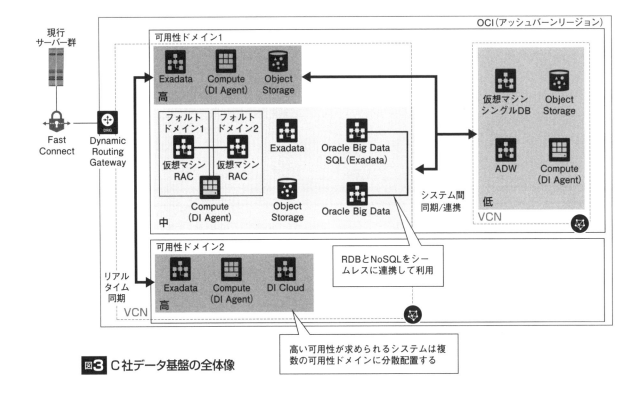

図3 C社データ基盤の全体像

　リージョンは「可用性ドメイン」から構成します。これはリージョン内にある1つ以上のデータセンターのことです。複数の可用性ドメインにまたがってリソースを配置する「マルチ可用性ドメイン」構成がクラウドで可用性を高める基本的な考え方です。

　可用性ドメインを理解するのはとても重要です。複数の可用性ドメインを利用するとデータ基盤のコピーが複数のデータセンターに冗長化して配置されます。データセンター単位の障害（電源の喪失や局所災害など）が発生した場合でもデータの安全性が保たれ業務継続が可能になるのです[1]。

*1

2020年5月現在、国内では東京リージョンと大阪リージョンがあり、それぞれ可用性ドメインが1つずつの構成です。リージョン内の可用性ドメインが複数必要な場合は海外リージョンの利用を検討します。東京と大阪を両方利用することで大規模災害の対策ができます。

統合型データ基盤としての利用

　目玉機能である「SNS の非構造化データの分析」は前述した「Oracle Big Data」と「Oracle Big Data SQL」で実現します。これらのサービスは RDB（Oracle Database）と複数の NoSQL が連携できるように稼働しています。分散処理システムの Hadoop やその上で動くデータウエアハウス「Apache Hive」に格納された非構造化データを取り扱うプロダクトが搭載されています。

　統合型のデータ基盤が画期的なのは RDB や NoSQL に格納されたデータを 1 つのインターフェースでオラクル標準の SQL で扱えることです。これにより RDB に格納された既存の業務データと NoSQL に新たに格納する SNS データを統合された形でシームレスに扱えます。

　C 社のように内製化が進んでいない企業にはメリットが大きいと言えます。NoSQL にそれほど詳しくないユーザーでも SQL さえ使えれば非構造化データを使った DX に取り組めるからです。

　ただし統合された形とはいえ、NoSQL でデータの設計やパラメーターおよびインデックスなどの最適化、データ管理といった作業は必要です。これらの作業には高いスキルを求められるものもあります。C 社は高いスキルが必要な実装や運用業務は SIer に委託し、DX の成果を上げる作業に集中することにしました。

効率的な移行、運用のためのガイドライン

　実装や運用といった多くの業務を SIer に委託する C 社ですが、クラウド環境のガバナンスを保つ必要性は感じていました。個別のシステムを統制せずに構築していると、システム構成や運用方法がバラバラになり効率が上がらないからです。

　そこで C 社はインフラ構成をパターン化することにしました。ガイドラインによってシステム群をいくつかの構成・運用パターンに集約することで構築と運用の効率を向上させるのです。

　ガイドラインはインフラ担当者だけでなく開発組織にもメリットがあります。メモリーサイズや CPU 数、各種パラメーターといったインフラ寄りの設定を考慮しなくてもよくなるからです。よりアプリケーション開発に集中できます。

　ただしガイドラインを作成する際に注意してほしいことがあります。それはガイドラインを常に見直し、再設定を繰り返すということです。最新機能が次々と追加されるクラウドサービスは仕様が頻繁に変更されます。今日作成したガイドラインは半年後には使い物にならないかもしれません。不適切なガイドラインを使い続けると開発組織に最適なインフラを提供できず、信頼関係が失われてしまいます。これでは開発スピードも上がらず、DXで重要なスピード感を失ってしまいます。

　C社のガイドラインはクラウドに移行するシステムを重要度で分け、「高」「中」「低」とランク付けしました。ランクによってデータ基盤の冗長構成パターンを決定する仕組みです。データセンター単位の障害（電源の喪失や局所災害など）が発生した際でも継続が必要なデータ基盤を「高」、1つの可用性ドメイン内の一部で障害が発生した際に無停止で継続してほしいデータ基盤を「中」としました。どちらにも該当しないものは「低」として、障害発生時の停止はやむを得ないものと定めました。それぞれのランクに当てはまるデータ基盤の範囲を、図中に網掛けして、網掛け左下にランクに対応付けて「高」「中」「低」と記載してい

表1 利用する主なサービス

サービス名	説明
Database Exadata Cloud Service	Exadata DBシステムを提供
Data Integration Cloud	リアルタイム同期、データ変換、データ品質およびデータ・ガバナンス用の統合プラットフォームを提供
Virtual Cloud Network	仮想プライベートネットワークを提供
Compute	コンピュートホストを提供
Database Cloud Service -仮想マシン -ベアメタル	ベアメタルまたは仮想マシン上の1ノードのDBシステム、仮想マシン上の2ノードのRAC DBシステムを提供
Oracle Big Data	Apache HadoopおよびApache Sparkを含むCloudera Distributionシステムを提供
Oracle Big Data SQL（Oracle Big Dataのアドオン）	SQLを使用してHadoopクラスター内のデータとOracle Databaseへのアクセス機能を提供
Object Storage	オブジェクトストレージを提供
Autonomous Data Warehouse	自律型DWHのワークロード用DBシステムを提供

DWH:Data Ware House

ます。

　欲をいえば全てのデータ基盤を無停止にしたいところです。しかし本当に全て
が無停止の可用性が必要なのでしょうか。可用性を高めればコストがかかります。
可用性とコストのバランスを検討して決めることが大切になります。

　では具体的に C 社が利用しているサービスを見ていきます（**表1**）。

・DC に障害があっても稼働し続ける（可用性：高）

　可用性のランクが「高」のシステムは RDB に「Oracle Database Exadata
Cloud Service（Exadata）」を使って複数の可用性ドメインに配置し、片側をプ
ライマリー（業務に利用している環境）で使用します。Exadata は最低 2 ノード
の RAC 構成のため、片方のノードが停止してもフェイルオーバーしてダウンタ
イムなく業務を継続できます。

　Exadata は一般的なパブリッククラウドのストレージサービスに比べてストレー
ジ性能がとても高いのが特徴です。ストレージ内でデータを処理して性能を上げ
る「SmartScan」という機能なども備えています。大量データを扱う場合は特に
役立ちます。

　ただし複数の可用性ドメインに配置した Exadata 間でデータを同期しなければ
なりません。これには「Data Integration Cloud（DI Cloud）」を使用します。デー
タ同期やデータ変換（Extract/Transform/Load）をする機能群をまとめたサー
ビスです。

　データを同期する機能は「Oracle GoldenGate（OGG）」というソフトウエアを利

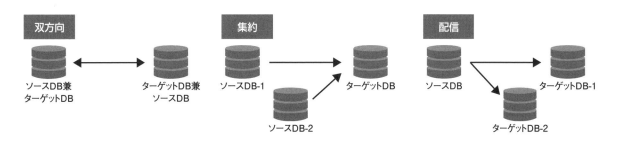

図4 データの同期方法を選択できる

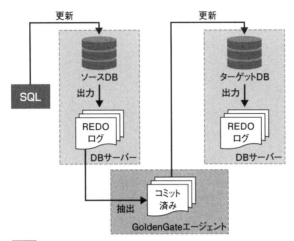

図5 OGGのデータ同期の仕組み

用しています。OGGを使用すると短い間隔で同期できるためプライマリー側の可用性ドメインで障害が発生した場合でもデータロストの範囲を小さくできます。

　OGGは同期方法を選択できます（**図4**）。例えば「双方向」「集約」「配信」といった方法です。ただしOGGの仕組みは単純にDB上のデータをコピーしているわけではありません。ソースDBの更新履歴（REDOログ）からコミット済みの変更情報を読み取り、同じトランザクション順序でターゲットDBを更新する仕組みを採用しています（**図5**）。

　つまり同じデータが格納されているDBに同等の更新処理をかけることでデータを同期させているのです。OGGの仕組みを考慮すると双方向同期は競合管理や同期の無限ループの制限設定が非常に複雑になることが分かります。そのためデータの同期方向は可能な限り「集約」や「配信」といった片方向のみのシンプルな方法にすることが基本だと筆者らは考えています。

　更新データを取得したり、適用したりする「DI Agent」を動かすには仮想サーバーが必要です。OCIは仮想サーバーを「Compute」というサービスで提供しています。課金はOCPU/時間という単位で発生します。OCPUには注意が必要です。サーバーに割り当てられるCPUコアで1OCPUは、1物理コアという関係です。

　CPUコアの単位はそれぞれのパブリッククラウドで異なります。OCIの

1OCPU を AWS EC2 で表すとハイパースレッディングが有効な場合の「2vCPU」に相当します。AWS と同じ感覚でシステムを構築してオーバースペックになったり、ソフトウエアのライセンス違反になったりしないように注意しましょう。

・可用性ドメイン内の障害に対応する（可用性：中）

可用性のランクが「中」のシステムでは、「Oracle Database Cloud Service - 仮想マシンサービス（仮想マシン RAC）」で 2 ノードの RAC 構成を使用します。仮想マシン RAC は利用するフォルトドメインを複数に設定します。フォルドドメインは可用性ドメイン内にあるハードウエアとインフラストラクチャーのグループのことです。

フォルトドメインを分けることにより、同じ可用性ドメイン内で使用するハードウエアを分けられます。仮想マシンを別々のハードウエア上で稼働させてハードウエア障害による全停止を防ぐ仕組みです。このフォルトドメインを使って先述した Compute も可用性を向上できます。フォルトドメインという概念はパブリッククラウドの中では OCI に特有のものです。たとえば AWS では、デフォルトで仮想マシンが起動するハードウェアは別々になる仕様になっています。ちなみに Exadata は特殊なサービスでハードウエアが別になっていまので フォルトドメインの考慮が不要です。

「中」ランクの構成は RAC 構成なので、「高」ランクの構成と同様に 1 ノードの停止であればフェイルオーバーし、ダウンタイムゼロで業務継続が可能です。

・コストを重視する（可用性：低）

可用性が「低」ランクのシステムは冗長化構成ではない「Oracle Database Cloud Service - 仮想マシンサービス」を利用します。冗長化できませんが自動バックアップはできます。停止した際に再起動すれば業務を継続できます。

データガバナンスも重要

統合型データ基盤のシステム構成を中心に説明しました。DB をクラウド上に集約し、便利なツールで同期を取ることは、データ基盤づくりの第一歩です。ですが DX を実現するデータ基盤としてはこれだけでは不十分です。本来のデータ

103

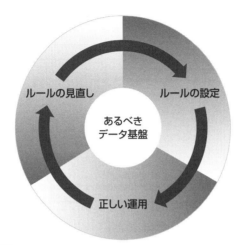

ルールの見直し

ルールの設定

あるべき
データ基盤

正しい運用

図6 データガバナンスがあるべきデータ基盤を作る

基盤とは、一元管理されたデータを必要な人が過不足なくアクセスでき、価値を生み出せるものだからです。

　DX を実現するデータ基盤にするには、データアクセスの管理や作成・更新・削除といったデータライフサイクルを管理しなければなりません（**図6**）。適切な粒度でマスターデータを一元化し、それをどうメンテナンスするかなど、データに関するルールを決める必要があります。正しく運用し、運用の結果に応じてルールを見直すサイクルを回すことも大切です。

　これらの一連のサイクルを「データガバナンス」と呼びます。データガバナンスはツールだけでは実現できず、利活用する業務部門の協力も必要です。時には業界標準にまでおよぶ業務となります。データ基盤と言うとアーキテクチャーが注目されがちですが、データガバナンスまで考慮できるようになるとさらに進んだデータ基盤を構築できるでしょう。

　C 社は今回の取り組みでシステム面での柔軟性が増しました。次のステップとして、マスターの統合やデータ管理組織によるデータの一元化に取り組む予定です。

　最後に統合型データ基盤の注意点を紹介します。それは特定のパブリッククラウド固有の技術を使うことで、ベンダーロックインにつながる恐れがあることです。また SIer にインフラ構築などを委託するため、どうしてもコストが高くなり

がちです。

　固有技術を採用するメリットとデメリットを考慮して、OCI の導入を検討する
とよいでしょう。

第4章
データ基盤のこれからの課題

4-1 データ基盤の未来

業種・業界ごとにデータ共有連携しやすい基盤が肝に

複数の企業が保持するデータを共有し、イノベーションを促進する動きが加速しそうだ。国内では業種・業界ごとにデータプラットフォームの構築が官民で進んでいる。データプラットフォームを活用する際に必要な要素を説明する。

　本書ではここまで、データ基盤の設計パターンを解説してきました。ここでは、データ基盤の未来像を取り上げます。

　最近、政府機関や先進企業が先導して「データプラットフォーム」を構築する動きがあります。特定領域のデータをデータプラットフォームに集約し、外部から利用してもらうためです。企業が外部データを活用したデジタル化に取り組む場合は、こうしたデータプラットフォームが有力な協調相手になるでしょう。

　ここでは、今後普及が見込まれるデータプラットフォームの例を挙げ、データプラットフォームを活用するためのデータ基盤を説明します。

プラットフォーム化するデータ基盤

　データプラットフォームを説明する際、避けては通れないのがGAFA（グーグル、アップル、フェイスブック、アマゾン・ドット・コム）の存在です。GAFAに代表される先進企業は、競争力のあるサービスで膨大なデータを収集し、データを独占することでさらに競争を優位に進めようとしています。このようにデータを自ら蓄積し、データプラットフォームを構築している企業を「プラットフォーマー」と呼びます。プラットフォーマーは強い影響力を持ち、日本を含む世界の様々な市場を次々と独占しようとしています。

　一方、日本国内ではデータ基盤を「協調領域」と「競争領域」に分け、協調領域のデータをデータプラットフォームで共有し、イノベーションを促進するといった動きが盛んになっています。1社だけがデータを保持するのではなく、共有できるデータは企業横断で共有し、データの利活用によって生まれるサービスで競

表1 主なデータプラットフォーム		
プラットフォーム名	運営主体	概要
WAGRI	農業データ連携基盤協議会	農業に関わるデータを統一性を図って提供し、相互運用できるようにした農業データ連携基盤
SIP4D	防災科学技術研究所	防災関連データを集約して相互運用した上で、防災業務に適した形で利用できるデータ基盤
データソリューションサービス	ヤフー	ヤフーが収集しているデータと参加企業が提供するデータを相互運用できるデータ基盤
MaaS Japan	小田急電鉄	鉄道やバス、タクシーなどの交通データを交通に関わる事業者から収集し、提供するオープンなデータ基盤

争しようというわけです。既にいくつかの業種や業界でデータプラットフォームが構築されつつあります。なかには、サービスを開始しているものもあります。

　最たる例は、政府が構築するデータプラットフォームです（表1）。政府はいくつかのデータ領域を定めています。そして、それぞれを担当する研究機関が中心となってデータプラットフォームを構築しています。

　例えば農業分野では、国立研究開発法人の農業・食品産業技術総合研究機構（以下、農研機構）が「農業データ連携基盤（通称、WAGRI）」というデータプラットフォームを構築しました。2019年4月に運用を開始しています。WAGRIは、気象や地図、土壌、市況情報といったパブリックデータを収集し、使いやすく整理したものです。WAGRIを利用できるのは、政府機関だけではありません。民間企業でもWAGRIにデータを提供したり、データを利用したりできます。

　防災分野では、防災科学技術研究所が「SIP4D（Shared Information Platform for Disaster Management）」というデータプラットフォームを構築しています。防災に関わる気象や災害、道路の通行規制といったパブリックデータを一元的に集約し、流通させています。防災データは、データフォーマットが統一されておらず、そのままの形では活用が難しいのが現状です。そこで、SIP4Dではデータを手軽に活用できるように集約・整形した上で提供しているのです。SIP4Dのデータは官公庁や自治体のシステムと相互共有しており、災害対策の現場で利用されています。企業が災害時業務や危機管理にこれらの防災データを利用することも可能です。

　ここに挙げたのは農業分野と防災分野ですが、他の分野でもデータプラットフォームを構築する事例が増えていくでしょう。政府には、民間企業が協調領域

であるパブリックデータを活用し、デジタル化を推進したり、イノベーションを促進したりできる環境を整えるといった狙いがあるからです。つまり、パブリックデータを有効活用できる業界は、公的なデータを蓄積したデータプラットフォームを活用できるかどうかがデジタル化の成果に影響すると言えます。

　政府がデータプラットフォームの構築に取り組む一方で、民間企業にもデータプラットフォームを構築する動きがあります。例えばヤフーが運営するデータプラットフォームの「データソリューションサービス」です。これは、ヤフーが収集しているデータと、参加企業が提供するデータを相互利用できるようにするデータプラットフォームとして運営されています。

　ここまで取り上げたデータプラットフォームの多くは、蓄積されたデータを利用する代わりに、自社で保有しているデータをデータプラットフォームに提供することが求められます。今後、様々な業界で有力なデータプラットフォームが登場するでしょう。今後、システム開発はいくつかのデータプラットフォームと自社が保有するデータをマッシュアップし、サービスやアプリケーションを作るといったように変わっていくと思われます。

データプラットフォームへの対応

　企業はデータプラットフォームとどう向き合い、どのようなデータ戦略を採用すればよいのでしょうか。ここで、データプラットフォームに対するデータ戦略の方向性を考えてみます。主に大きく3つが考えられます（**図1**）。

　1つ目の策は「関係性を持たない」です。データプラットフォームに対してアクションを起こさないということです。ただし、競合企業がプラットフォームを作ったり、データプラットフォームを利用してデジタル化を進めたりした場合は、企業競争力が低下する可能性があります。

　2つ目の策は「プラットフォーマーを目指す」です。もし、ある分野で圧倒的なデータ量を保有しているのであれば、GAFAのように自らプラットフォーマーを目指す戦略が考えられます。3つの策の中でベストな選択ですが、限られた一握りの企業にしか取れない策でしょう。

　3つ目の策は「協調」です。多くの企業にとって現実的な策と言えます。自社データをオープンなデータプラットフォームに提供するとともに、データプラット

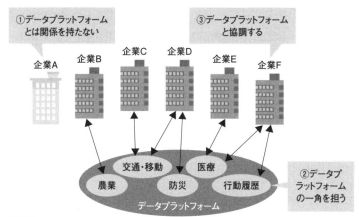

図1 プラットフォームに対する企業戦略の違い

フォームからデジタル化に必要なデータを得ます。

自らプラットフォームを構築しなくても、ある分野でデータ収集量がナンバーワンでなくても取れる戦略です。データを協調領域と考えて共有し、デジタル化のプロセスを競争領域と捉えてイノベーションを起こしていくのです。実際に提供するデータの範囲は、業界や共有する相手のデータプラットフォームによってまちまちですが、提供するデータと提供しないデータを分けることはそう難しくありません。

データプラットフォームの活用に必要な5要素

　続いて、企業がデータプラットフォームを活用するために必要な5つの要素を説明します。データプラットフォームと協調して成果を上げるには、自社のデータ基盤が外部と柔軟に連携できなければなりません。また、データを社内でスムーズに流通できるような仕組みづくりも欠かせません。これらを実現するには、5つの要素が必要です。それぞれを見ていきましょう。

・CDOによるデータ戦略の策定と推進

　自社がどのようなデータ戦略を取り、データを活用して外部とどのような関係を築いていくのかを決定・推進していく役割を担うのがCDO（最高データ責任者）

です。データプラットフォームの活用において、CDO の役割はとても大きいと言えます。筆者らが関わった案件を振り返ってみると、外部とのデータの相互利用がなかなか進んでいない企業が数多くありました。主な原因は、社内のデータ戦略を取りまとめる担当者がいないためです。

　このような状況を打破するには、CDO の強いリーダーシップが欠かせません。データを提供するリスクとデータプラットフォームを活用するメリットのバランスを CDO が判断し、外部と連携を進めます。CDO は個別システムのデジタル化より、企業の長期的な競争力を維持し、強化するためのデータ戦略はどうあるべきかという視点で考えなければなりません。つまり、企業の方向付けができる立場の担当者が必要です。この役割を担えれば、Chief Data Officer でも Chief Digital Officer でも役職は何でも構いません。

・データカタログを作成する

　データカタログについては第 3 章で説明した通り、多くの企業間でデータが流通する際は、データ項目の名称やカテゴリー、作成者、鮮度（データの作成日やどの期間のデータなのか）といったメタデータ（データの内容を説明する情報）を共有する仕組みが重要になります。このようなメタデータを一元的に管理するツールのことを「データカタログ」と呼びます（**図 2**）。

　データカタログがあれば、データプラットフォーム内にどのようなデータがあ

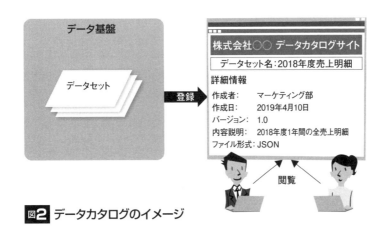

図2 データカタログのイメージ

るのか利用者はすぐに分かります。データカタログは、企業内で広くデータ活用を促進する際に欠かせないツールと言えるでしょう。

　現在、データカタログを実現する様々な製品がリリースされています。製品は高価なソフトウエアが多いですが、機能性を求めるのであれば導入を検討したいところです。例えばデータを連携したり、社内のマスターデータを管理し、統合・運用したりする用途も兼ねる場合は、商用製品を購入したほうがよいでしょう。

　一方、そこまでの機能を求めない場合は、オープンソースソフトウエア（OSS）を採用する手もあります。データカタログとして広く使われているのは「CKAN」というOSSです。CKANのコア機能はメタデータの登録や管理、ポータル機能の提供といった比較的シンプルなものです。ツールを導入するハードルはそれほど高くないので、試してみるとよいでしょう。

・データを標準化する

　データプラットフォームを構築する上で難易度が高いのは、メタデータの管理標準を作り、運用していくことです。表1で紹介したデータプラットフォームを例に挙げると、データ項目名を表すにはどんな文言が最適かを検討・定義しています。扱っているデータ領域で利用される語彙を標準化し、辞書が作られているということです。今後、データプラットフォームが普及すると、データ領域ごとに様々な語彙が整理されていくでしょう。

　外部とデータを連携する際は、データプラットフォームのメタデータとデータの両方を、自社のものと相互変換できるようにしなければなりません。ただし、メタデータの語彙は変化が激しい領域です。標準を決めたとしても1カ月後に変更されているかもしれません。プラットフォーム化や標準化、技術的動向といった業界内の動きを絶えずウォッチすることが大切です。

　これはCDO以下、データ管理組織の役割です。組織のしかるべき人間がデータに関わるコミュニティーに参加し、情報交換することが有効です。すべて自社で作業するのは難しいので、業界や技術に通じたベンダーから情報を提供してもらうのもよいでしょう。業界ごとのデータ標準は、まだ形作られていく過程にあります。変化に対応できるよう柔軟性を備えたデータ基盤を構築し、社内データと社外データを相互変換できる仕組みを実現できればベターです。

　このような仕組みを実現するには、第２章で説明した「データ工場型」のデザインパターンが有効です。社外とデータ連携し、データレイクに格納する間に変換層を入れるのです。変換層で外部データの変化を吸収できれば、データレイクとその中に格納するデータ構造に与える影響が小さくなります。このような工夫を施すことで、相互運用性を備えながら変更に強いデータ基盤を構築できます。

　語彙などのメタデータ標準化は、企業内でデータ活用を促進する際にも必要な取り組みだということを忘れてはいけません。部署間で使う言葉の定義が異なれば、データの意味を理解できません。これでは活用する際の壁となってしまいます。データの形式が異なっていても同様です。データの流通は、メタデータのガバナンスを利かせることとセットです。

　メタデータの標準化を始める際、IMI（Infrastructure for Multilayer Interoperability）の成果物を参考にするのも一案です。IMIとは、メタデータのプラットフォームともいうべき共通語彙基盤です。日本国内では、経済産業省や情報処理推進機構（IPA）が中心となって作業を進めています。

　IMIでは、住所や氏名、組織など情報交換の基礎となる一般的な語彙（コア語彙）の一部を標準規格として公開しています。これらを参考にすれば、ゼロから独自に標準化するよりも検討作業を進めやすくなります。ただし、コア語彙は全てを定義しているわけではありません。業務分野に固有の語彙（ドメイン語彙）や独自の用語は、まだ標準化の取り組みが十分進んでいません。IMIなどの語彙基盤では標準規格が決まっていないことが多いからです。今後の発展に期待したい分野です。

　IMIは語彙を管理するツールも提供しています。このツールを使えば、語彙定義の作成や管理、データ検証が可能です。IMIのツールを活用すれば、自分でツールを作成する手間を省けます。

　メタデータの標準化には、業務領域の有識者の協力が必要です。ドメイン語彙を定義するには、専門分野の業務知識がないと難しいからです。大企業であれば、複数の部署に協力してもらって共通認識となるようにすり合わせが必要になることもあります。

　これからのデータ管理組織は、社外と社内の両方に目を配ってデータ流通と促進を進めていかなければなりません。複雑性の高い仕事に取り組むことになるで

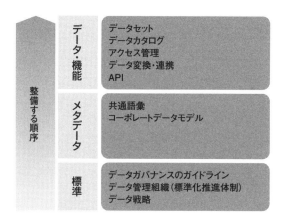

図3 品質はデータ標準化に依存する

しょう。第5章で説明するデータ管理組織が正しく機能していることが肝要です。データ管理組織の取り組みには依存関係があり、**図3**に記した順序で整備するとよいでしょう。これから取り組む場合は、マスターデータやデジタル化を始める領域など、狭い範囲からスモールスタートすることをお勧めします。

・API 実行基盤を用意する

　データプラットフォームの多くは、APIを介してデータをやり取りします。今後、データの相互活用が進めば、複数のデータプラットフォームや協業先の企業とデータをやり取りしなければなりません。様々なデータ連携に利用できるAPI実行基盤を用意するとよいでしょう（**図4**）。

　データプラットフォーム側が提供するAPIの仕様は、多くのバリエーションがあります。プロトコルはWeb APIに多用される「REST（Representational State Transfer）」がスタンダードですが、レスポンスとして返されるデータの形式は様々で、統一されているとは言えません。例えばJSON形式やXML形式、CSV形式などがあります。業務によっては非構造データ、データ領域に特有の特殊な形式（地図情報のGeoJSONなど）を扱うこともあるでしょう。

　今後、新たなデータ形式が流行するかもしれません。Web APIを使ったデータのやり取りは、まだ枯れた分野ではありません。今後、技術的な変化が起きる

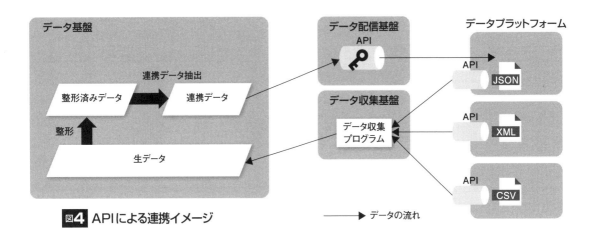

図4 APIによる連携イメージ　　　　　──▶ データの流れ

可能性が比較的高いと言えます。データを利用する側には、提供側の仕様に合わせていくことが求められます。拡張性や柔軟性を備えたAPI実行基盤を構築しなければならないのです。

　API実行基盤は、RESTなどのインターフェースでデータをやり取りする機能と、APIキーなどによる認証や実行ルール・ジョブ管理などの機能が必要です。必ずしも実装の難易度が高いものではありませんが、データ連携箇所が増えると管理コストも増加します。

　代表的なパブリッククラウドであれば、バッチジョブを管理する機能を備えたサービスがあります。データ連携が増えてコストが割高になった際には、利用を検討するとよいでしょう。また、自社でデータを提供する場合は、APIを提供して配信できるようにしなければなりません。このような場合も、Web APIやAPIキーを効率的に管理・運用できるサービスが普及しつつあります。

　業種によってはインターネットEDIなどの業務に特化したデータ連携の標準プロトコルが定められていることもあります。このような分野では、標準プロトコルに対応している製品を導入して、素早く対応することも選択肢です。

　標準プロトコルに対応する製品を導入するメリットは、データを取得した後の変換処理やデータ基盤への格納処理、他システムとの連携処理といった一連のプロセスを製品内で実現できることです。うまく適用できれば、外部とのデータ連携にとどまらず、社内システム間でもデータの流通を効率化するツールとして活

用できます。

・セキュリティーを考慮する

　個人情報などの秘匿性の高い情報が活用するデータに含まれることがあります。この場合、データを安全に取り扱うための保護策を講じなければなりません。これを「データセキュリティー」と呼びます。

　データセキュリティーには、様々な手法があります。ここでは、基本的かつ重要なものを2つ説明します。

　1つ目は、個人情報の匿名化です。匿名化とは、個人を特定できないようにすることです。2017年の個人情報保護法改正で、匿名化したデータは個人情報に当たらないことになりました。匿名化したデータは、本人の同意なく個人情報の利用目的以外で利用できるので、活用を進めるための重要な手段です。外部に提供することも可能です。

　匿名化には、個人を特定できるデータの組み合わせを削除する、マスキングする、といった手法がよく用いられます。ただし、システム内で独自に付与しているIDも削除しなければならない点に注意してください。IDが分かれば、他のデータと結合して個人を特定できるからです。

　もう1つは「トークナイゼーション」と呼ばれる方法です。IDのような識別情報は、データ分析で必要になることが多々あります。そこで利用するのが、復元できない方法で識別情報を変換して置き換える方法です。これがトークナイゼーションです。情報漏洩のリスクを最小化、無害化するデータ最小化の方法としても有効です。外部とデータのやり取りが多くなると、セキュリティーリスクが大きくなります。データセキュリティー対策を施すことは、社内でのデータ活用を促進する効果もあります。万が一データが流出してもデータの提供元に損害を与えないことが分かっていれば、社内のより広い範囲にデータを公開して安心して活用できます。

　データセキュリティーの視点で統制できるよう標準を定めて管理するのも、データ管理組織の重要な役割です。秘匿性の高いデータと、匿名化されたデータを格納された領域を権限に応じてアクセスコントロールでき、不正なアクセスがないかを監査できることも重要です（**図5**）。

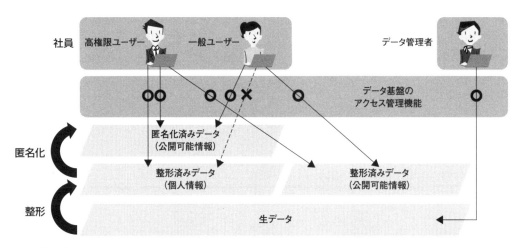

図5 データの秘匿性によるアクセス管理例

まとめ

　デジタル化のためのデータ基盤設計は、これからも高度化し、複雑化していくでしょう。しかし、基本は社内のデータやデータ基盤を利用しやすい形に標準化し、全社にガバナンスを利かせられる状態にしていくことです。データのガバナンスができていれば、社外とのデータの相互共有はその延長線上にあるものなので技術的に難しくありません。

　筆者らがこれまで見てきた企業では、社内のガバナンスが取れておらず社内データの活用もままならないことが多くありました。テクニカルな設計パターンや方法論と同じくらい、全体最適を目指したガバナンスが重要です。

マルチクラウドは進化の途中
現状を踏まえ将来に備える

複数のクラウドサービスを組み合わせて利用する「マルチクラウド」。クラウドサービスごとの強みをうまく活用したり、耐障害性を高めたりするためにマルチクラウドの構成は有効だ。現状を踏まえた設計パターンを押さえつつ、将来の拡張に備えよう。

　クラウドサービスの障害がニュースになるほど、クラウドは存在感を増しています。そして障害がニュースになると、「クラウドはやっぱりダメなんじゃないか（オンプレミス回帰論）」と「クラウドベンダー1社に頼り切ってはいけないのではないか（マルチクラウド推進論）」が盛り上がります。

　オンプレミス回帰論については、これまでも「オンプレミス対クラウド」という議論がたくさん繰り返されており、その経緯も踏まえた上で「クラウド隆盛」「オンプレミス環境の継続」のすみ分けが進んでいる現在があるので、ここでは言及しません。まだまだ議論が尽くされていない段階にある「マルチクラウド」について解説します。

　マルチクラウドとは、広い意味では、「複数のクラウドベンダーのサービスを組み合わせて使用する」ことです。ただし、人の課題感、着眼点によって見方が変わります。まずは、パターンを整理しましょう。

　構成パターンは大きく、(1) システム／サービスごとに異なるクラウド上で構築、(2) 1つのシステム／サービスを複数のクラウドにまたがって構築、の2つに分類できます。後者についてはさらに細分化されます。

(1)システム／サービス毎ごと異なるクラウド上で構築

　EC サイト A は AWS（Amazon Web Services）で、EC サイト B は Microsoft Azure で構築していて、管理機能（EC サイトであればユーザー管理や売上集計など）まで、それぞれのクラウドの中で完結しているような構成はこのケースに

分類できます（**図1**）。またECサイトA、BはAWSで提供、集計分析機能は
GCP（Google Cloud Platform）で提供、といった構成も同様です。クラウドベン
ダーそれぞれが得意とする処理、売りとする機能を活用しやすい、プロジェクト
ごとの開発メンバーが扱い慣れたクラウドサービスを選択してノウハウ取得の
オーバーヘッドを小さくできる、などのメリットがあります。

　耐障害性という観点では、クラウドベンダー単位で、継続可能なサービスが明
確に別れるので、シンプルでわかりやすい構成といえます。しかしクラウドベン
ダーをまたぐシステム連携を行っている場合、その影響範囲を明確にし、どこま
でのサービスを継続提供可能とするか、連携先サービスがあるクラウドでの障害
発生時に、正常稼働中のクラウドで稼働するサービスを継続利用可能とした場合
に復旧後の整合を取る処理をどうするか、といった考慮を設計・実装に含める必
要があります。

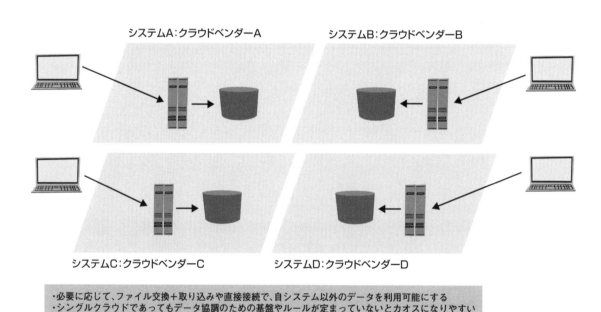

・必要に応じて、ファイル交換＋取り込みや直接接続で、自システム以外のデータを利用可能にする
・シングルクラウドであってもデータ協調のための基盤やルールが定まっていないとカオスになりやすい
・OLTP系処理をAWS上で構築して分析処理にGCPを利用するといったケースが現実的

図1 システムごとに違うクラウドにある

（2）1つのシステム／サービスを複数のクラウドにまたがって構築

　同じ機能を提供するシステム／サービスを、複数のクラウド上で動くように構築する構成です。さらにパターンを分けると、(2-1) レプリケーション構成、(2-2)分散クラスター構成／シャード分散構成に分類できます。

（2-1）レプリケーション構成

　サービスやアプリケーションのレイヤー、つまりユーザーから認識できるサービスの単位で見ると同一のものを提供する構成を、複数のクラウドサービス環境で構築するパターンです（**図2**）。

　極論すると、アプリケーション層さえ同じであれば、その実装は個別クラウドサービス固有のものを使用してもよいことになります。

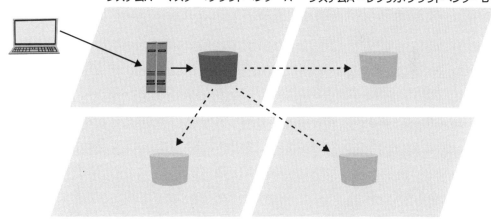

システムA – マスター：クラウドベンダーA　　システムA – レプリカ：クラウドベンダーB

システムA – レプリカ：クラウドベンダーC　　システムA – レプリカ：クラウドベンダーD

・異なるクラウド上にデータを複製する
・シングルクラウドと同様、複製先を「リードレプリカ」として位置付け、参照専用で機能提供するアプリケーションを接続したり、バックアップ処理の動作環境として使ったりするケースもあり得る
・アプリケーションレベルでも他のクラウドで動くようにしてあればクラウド間フェイルオーバーが可能

図2 マルチクラウド・レプリカ構成

　オンプレミスでの複数のデータセンターを使用した災害対策サイト構築におけ
る「スタンバイサイトにデータをレプリケーションする構成」を、複数のクラウ
ドベンダーのサービス上の構成に置き換えたものとなります。

　1 つのクラウドベンダーに障害が発生したときは、スタンバイサイトとなる別の
クラウドベンダー側でサービス基盤（Web サーバー、アプリケーションサーバー
など）を立ち上げ、データベースをプライマリとして起動させることで、サービ
スを継続します。

(2-2) 分散クラスター構成／シャード分散構成

　分散クラスター構成は、複数のクラウド環境をまたがる構成です。例えば
Hadoop クラスターを複数クラウドにまたがって構成するケースです。ベアメタル
インスタンスまたは仮想マシンで、可能な限り同じスペック、OS のものを用意し、
それらをまとめたクラスターを構成します。アプリケーションレイヤーも、クラ
ウドベンダー各社が共通してサポートしているコンテナ技術などを利用すれば、
同じサービスを提供するコンテナをマルチに展開し、Active-Active な構成を取る
こともできるでしょう。

　シャード分散構成は、例えば、シャーディングを採用した RDBMS で、シャー
ドによってクラウドが異なるケースです。特にテーブル単位で分散する「垂直
シャーディング」であれば、実質的には「統合されてない DB」と同じとも見え
ます。またテーブルが担う役割とセットでアプリケーションも分散されていれば、
それは「マイクロサービス構成のマルチクラウド化」と言えるでしょう。

　同一テーブルについてレコードレベルで分散保持する「水平シャーディング」
の場合、例えばユーザー ID でシャーディングを行っている場合は、アクセスす
るユーザーによって背後でアクセスしているクラウドベンダーが異なる、といっ
た使い方になります。

　いずれのシャーディング方式を取るにせよ、データの耐障害性を高めるために
クラウド間のレプリケーションとセットで構成することになるでしょう（図 3）。

　（2-1）のレプリケーション構成のように、レプリカ／スレーブをもう一方のク
ラウドに構築するパターンは、既に実用段階にきています。例えば、Oracle

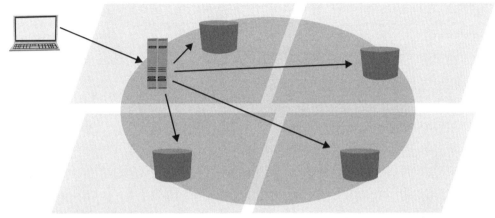

システムA – シャード1：クラウドベンダーA　システムA – シャード2：クラウドベンダーB

システムA – シャード3：クラウドベンダーC　システムA – シャード4：クラウドベンダーD

・データの複製ではなく分散保持。格納先シャードの判定をアプリケーションロジック側で行い、接続／格納先が決まる
（データストア内に共通する情報としてシャードマップを保持し、それを照会して実格納先を特定する方法もある）
・アプリケーションレベルでも他のクラウドで動くようにしてあれば、クラウド間でマルチマスター的な挙動が可能
・各シャードは複製しないと障害時にデータ欠損となる

図3 マルチクラウド・シャーディング構成

Databaseのマスターサイトをオンプレミスに、リモートサイトをクラウドに構築して「ハイブリッドクラウド」としている実例は既にあります。この場合、データの同期はOracle GoldenGate（以下、GoldenGate）やOracle Data Guardを利用するのが主流です。このパターンをクラウド同士で構成することも可能です。

　アプリケーションレイヤーにおいては、サービス単位で稼働するクラウドを分けつつ、協調して機能するような構成は可能です（**図4**）。この場合も分散クラスター構成と同様に、もう一方のクラウドでも同じ機能が稼働できる構成を取ることで、耐障害性を高められます（**図5**）。

　ただし、Active-Standby構成からの障害時のフェイルオーバーは現実的であるものの、Active-Activeでの構成については、アクセスエンドポイントからサービスへのロードバランシング、ヘルスチェックなども含めた冗長化と協調の設定など、難易度が高くなります。

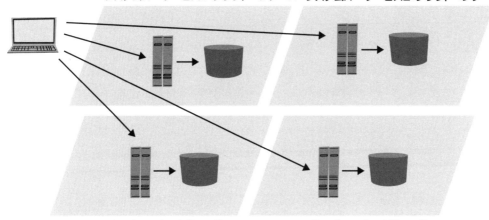

システムA－サービス1：クラウドベンダーA　システムA－サービス2：クラウドベンダーB

システムA－サービス3：クラウドベンダーC　システムA－サービス4：クラウドベンダーD

・アプリケーションロジックとデータストアのセットが各クラウドに散在している
　（「昨今のマイクロサービス」の構成が分散したイメージ）
・各サービスについて同じ構成を他のクラウドにも複製しないとクラウド障害時に一部サービスは停止する
・サービス全体を継続利用可能にするにはマルチクラウド・クラスター＆レプリケーション（HA）構成にする

図4 マルチクラウド・クラスター構成

　さらに、1つのプロダクト／サービスを担うクラスターで複数のクラウドサービスをまたぐ構成については、クラウド間をまたぐときのネットワークレイテンシーなどを考えると、現時点では実用の域には入っていないだろうと考えます。

　米 Oracle と米 Microsoft は 2019 年に、お互いのクラウドサービス間を相互接続して高速通信可能とするサービスを発表し、本書の執筆時点（2020 年 6 月）ではサービス提供リージョンが段階的に増えてる途中です。OracleCloud 東京リージョンと Azure 東日本リージョンの相互接続が提供開始（2020 年 5 月）したものの、OracleCloud 大阪リージョン、Azure 西日本リージョンについてはサービス未提供、開始時期も未公開、という状況です。

　これは Azure 上の Active Directory を Oracle Cloud 上のサービスから利用させたり、Oracle Cloud 上の Oracle Database Real Application Clusters（RAC）を利用して Azure 上のアプリケーションを動作させたりするなど、プロダクトや

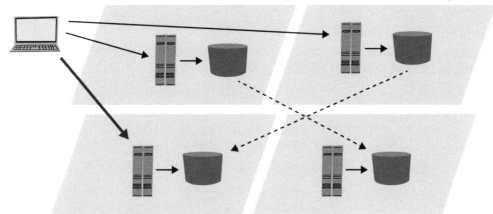

システムA – サービス1：クラウドベンダーA　システムA – サービス2：クラウドベンダーB

システムA – サービス2：クラウドベンダーA　システムA – サービス1：クラウドベンダーB

・クラウドベンダーBの障害時はクラウドベンダーA側でサービス提供
（単純化するために図ではクラウドベンダーを2つに絞った）

図5 マルチクラウド・クラスター&レプリケーション（HA）構成

サービス同士の連携を想定しているものです。Hadoop クラスターのような1つのプロダクトやサービスをクラウドをまたいで構築するところまでは想定されていません。ただしこうした流れが加速すると、こうした構成の現実味も増してくるでしょう。

　上記のようなマルチクラウド / ハイブリッド構成を「データ基盤」で実施するのは、さらに踏み込んだ検討が必要です。例えばデータレイク（オブジェクトストレージ）を何らかのクラスターで実現し、そのクラスターメンバーを複数クラウドにまたがって構成したとします。この場合、どれかのクラウドサービスがまるごと障害発生しても正常稼働中のクラウドベンダー上のレプリカセットによって代替してサービスを継続提供できる仕組、を実現する必要があります。

　現時点では、クラウドサービスにこのような仕組みを実現する機能が組み込まれているわけではありません。そのためデータを同期したり、データに対するインターフェースの違いを吸収したりする仕組みの作り込みは困難です。将来、ク

ラウドベンダー間での仕様の標準化や協調、もしくは複数のクラウドベンダーのサービスを仮想化して提供するようなアグリゲーターといえるサービスが登場すれば、現実的な構成になりそうです。

「なし崩しマルチクラウド」と「意図したマルチクラウド」

　個別のシステムを構築するに当たり、「周りがみんな使ってるから AWS を使う」「GCP の○○というサービスが速いらしいので使ってみたい」「Windows しか触ったことがないから Azure を採用しよう」「Oracle データベースをそのまま移行するのであれば、やっぱり Oracle Cloud でしょう」といった調子で、統制を取らず、確固たるポリシーもなく色々なクラウドベンダーと契約し、まとまりがない状態になっているケースがあります。実際には、1 つひとつの採用に至る稟議の内容には「もっともらしい」理由付けがされているでしょう。しかし結果として統一感がない状況になっているのです。

　基盤やルールが先にあって、それに則って個別システムが構築されていくのが理想ですが、現実としては、個別のシステムがある程度立ち上がった後にデータ基盤の話が出てくるのはオンプレミス時代から同じです。また、構築しようとしているシステムやサービスによって、様々な要件があり、その要件の実現について強みを持つクラウドベンダー、あるいは、そこに強みを持つ製品やサービスを取り込んでいたり実績が豊富であったりするクラウドベンダーを個別に選定したい、といった事情も当然あります。

　会社や組織によって様々ですが、個別システムの事情に寄り添いすぎると、統制が利かなくなり、全体最適の観点であらゆる場所に歪みが生じます。そのため、マルチクラウドというキーワードを意識し始めたら（無統制乱立のときはそもそもそんなキーワードすら意識していない）、全社ガイドライン的なものを整備し、数えられる程度のパターンに落とし込むことをお勧めします。

マルチクラウド構成上の注意点

　ここまでにも述べてきた通り、マルチクラウド構成はシングルクラウド構成に比べて複雑さが増します。そのため、その構成に即した検討・設計が必要となります。設計時の注意点を以下に整理します（**図 6**）

表1 マルチクラウドとネットワークの注意点

項目	概要
料金	インバウンドは無料、アウトバウンドは有料であるクラウドベンダーが多い
速度・レイテンシー	ベンダーによってスペックが異なる
ネットワーク・セキュリティー	閉域相互接続は未発達。独自にVPN環境を構築するなど必要
認証・認可	各社固有の認証認可機構があり、フェデレーションで外部リポジトリにID統合を行っても、認可側の複雑さの管理は難易度高い

クラウド間通信におけるレイテンシーおよびデータ転送量増加

　クラウドサービスの多くは、そのクラウドサービスにデータを取り込むためのネットワークトラフィックは無料、クラウドサービスの外へ出ていくネットワークトラフィックは有料になっています。そのためマルチクラウド構成にすると、1つのクラウドに完結していれば発生しないはずの「クラウド外へのアウトバウンド通信」が発生し、ネットワークの従量課金額に影響します。

インターネットを経由する通信の保護

　クラウドサービス間の相互接続は、前述のAzureとOracle Cloudの場合を除き、対応サービスが存在しません。よって、そのままではパブリックなインターネット上を経由する通信となります。

　クラウドサービス間の接続をセキュアで安定したものとするためには、暗号化通信の利用や、ネットワークの冗長化と異常検出／自動復旧などの仕組みを設計する必要があります。また各社のクラウドサービスには、オンプレミス環境との専用線接続を考慮したサービス（AWS の Direct Connect、Oracle Cloud の Fast Connect、Azure の Express Route、GCP の Cloud Interconnect）があります。これらのサービスを使えばデータセンターをハブにして各クラウドに通信する構成をとることで閉域化できますが、費用面では大きな負担となるでしょう。

クラウドベンダーごとに必要とするスキル・ノウハウが異なる

　各クラウドサービスで、似たようなコンセプトのサービスでも細部は異なり、適切に運用するためには個別のノウハウの蓄積が必要となります。そのためマル

チクラウド環境の構築、運用では人的リソースを集中させにくいという課題があります。そして、各社ともサービス強化のスピードが目覚ましく、これらをすべてキャッチアップしていくことは至難です。十分な人的リソースが確保できないと、「高可用性を目指してマルチクラウド構成を採択したのに不安定」といった状況に陥るリスクがあります。

セキュリティーを担保するための認証・認可機構が複雑

クラウドサービスによって、認証・認可といったセキュリティー機構は個別に存在します。そのためこれらを適切に利用するノウハウが必要になります。そして、クラウド環境ごとの認証・認可の操作の煩わしさを考えれば、当然のようにシングルサインオンが求められます。このシングルサインオンの基盤をどこで受け持つのか、シングルサインオン基盤自体をマルチクラウドで構築するのか／できるのか、といったことも複雑化の要因となります。

利用可能なサービスが制限される

クラウドベンダー各社とも、自社クラウド内においてサービス間連携が便利な機能を数多く提供しています。マネージドサービス、サーバーレスサービスなど、構築や運用の作業負荷の軽減をうたうサービスであるほど、マルチクラウド構成では採用が困難になり、クラウドサービスの長所を活用できないケースが出てきます。

クラウドをまたがってクラスターを構築しようとする場合、仮想マシンベースのサービスを提供する IaaS の上に従来のオンプレミス環境と同様のシステムを構築・運用せざるを得ず、複雑さばかりが増して得られるメリットが少ない、といったケースも出てくるでしょう。

このようなマルチクラウドの注意点を「データ基盤」に当てはめる場合、データ基盤が持つ機能のどこかで切り分け、それぞれのクラウドサービス上に構築する、といったところに着地するのが現状です。

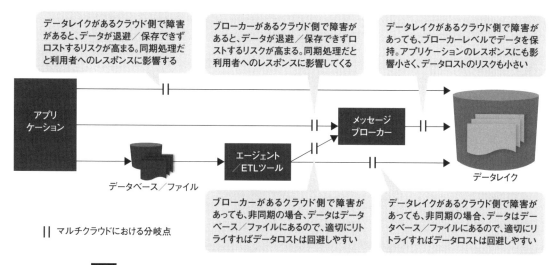

データレイクがあるクラウド側で障害
があると、データが退避／保存できず
ロストするリスクが高まる。同期処理だ
と利用者へのレスポンスに影響する

ブローカーがあるクラウド側で障害が
あると、データが退避／保存できずロ
ストするリスクが高まる。同期処理だと
利用者へのレスポンスに影響してくる

データレイクがあるクラウド側で障害が
あっても、ブローカーレベルでデータを保
持。アプリケーションのレスポンスにも影
響小さく、データロストのリスクも小さい

アプリ
ケーション

データベース／ファイル

エージェント
／ETLツール

メッセージ
ブローカー

データレイク

‖ マルチクラウドにおける分岐点

ブローカーがあるクラウド側で障害が
あっても、非同期の場合、データはデータ
ベース／ファイルにあるので、適切にリト
ライすればデータロストは回避しやすい

データレイクがあるクラウド側で障害が
あっても、非同期の場合、データはデー
タベース／ファイルにあるので、適切にリ
トライすればデータロストは回避しやすい

図7 データ収集プロセスとマルチクラウド構成における分岐点

データの生成・収集・蓄積・加工・利用のどこで切り分けるか

　データ基盤をマルチクラウドで構成するに当たり「機能分解点によってクラウ
ドを分ける」構成を取る場合、以下の4つのパターンが考えられます（**図7**）。

（1）データを生成するシステムと収集システムが別のクラウドにある構成

　データの生成元と、そこで生成されたデータを収集・転送するストリーミング
プラットフォーム（Apache Kafka や Amazon Kinesis、あるいは Fluentd のロ
グアグリゲーターサーバー）が別の場所にある構成です。

　ログストリーム基盤を導入する理由は「生成されたデータは、できるだけ早く、
本来の業務処理への負荷が少ない形で別の場所に移したい」という要件に基づく
ことが一般的です。そうした要件に対して、ここに分解点があると、同一クラウ
ド内にある構成に比べてネットワークオーバーヘッドの影響を受けます。

　一方で、生成されたデータがそのクラウド側にとどまる時間は最小限となるた
め、データ生成元のクラウドサービスの障害発生時は、データ退避遅れによる損
失量が最も小さくなると期待できる構成でもあります。

　オンプレミスとクラウドとの間で、ここに分解点があるハイブリッドクラウドを構築するケースは少なくありません。これからマルチクラウドで新規にこの構成に取り組む場合、負荷（レイテンシー／スループット）の影響と障害対応を鑑みて構成しましょう。

(2) 生成・収集まで同じで蓄積環境が別のクラウドにある構成

　データの生成元システムから収集システムへのオーバーヘッドは軽くなり、データ生成元となるシステムへの影響は小さくなります。その代わり収集システムから蓄積先データレイクへの書き出しにオーバーヘッドが生じます。ただしデータレイクへの書き出しはもともと、一定量のバッファリングを経てまとめて書き込む処理となるので、ネットワークレイテンシーの発生頻度は少なく、レイテンシーの影響も軽微なので、安心感のある構成といえます。

　ただし、生成・収集を担う側のクラウドサービスがまるごとダウンしたときに、蓄積先へ退避しきれずに消える可能性のあるデータは、（1）の構成より多くなる可能性があります。

(3) 蓄積と加工が別の場所にある構成

　生成・収集・蓄積までがクラウドA、加工環境（Hadoop/Sparkなど）とその加工結果の蓄積環境がクラウドB、といった構成です。この場合、（2）の構成または次に説明する（4）の構成に含まれると考えてよいです。これが、蓄積はすべて同じクラウドに存在し、加工環境のみが別のクラウドにいる場合、加工処理のためにネットワーク上のデータ往復が大量発生します。さらに、どちらか一方のクラウドに障害が発生すると加工処理が機能しなくなるため、あまりメリットがない構成と言えるでしょう。

(4) 蓄積と利用が別の場所にある構成

　生成・収集・蓄積・加工までを含むデータレイクがあるクラウドと、データマートやBIツール、加工結果を利用する個別システムが別クラウド、というケースです。AWS上で大半のサービスを構築しつつ、分析用にはGCPのBig QueryやCloud Spannerを使うなど、少しずつ見かけるようになってきた構成です（**図

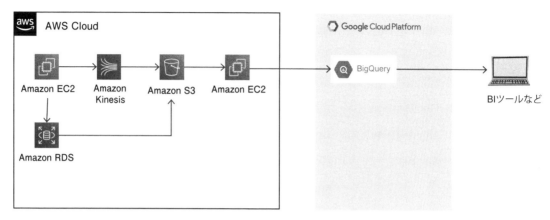

単純化するためにクラウドベンダーを2つに絞った

図8 マルチクラウドの事例

8）。

　例えば、データレイクとは異なるクラウド上で稼働する BI ツールでどのレベルの粒度までドリルダウンを可能とするかによって、クラウド間のデータ転送量が大きく変わります。その場合、データの連携／反映頻度の要件と、ネットワーク転送の速度などを鑑みた設計が必要となります。

　いずれにパターンにおいても、機能・役割における分解点を設けている以上、クラウドサービス自体の障害に対しては、サービスの一部または全体停止、および、リトライ、リカバリーを念頭に置いた設計、データ損失リスクの明確化と、その損失リスクに対する許容度の評価が必要となります。

マルチクラウドが絶対善か？

　マルチクラウドを適切に構築・運用できれば、耐障害性の極めて高いシステムとなるでしょう。しかしここまで解説してきた通り、現時点ではそうしたマルチクラウドのシステム構築は難易度が高く、その投資に対する効果を得られる分岐点は非常に高いところにあると言えるでしょう。

　そもそも、マルチクラウドを考える前に、シングルでのクラウドを使う際に、

どのようなことを考えてきたでしょうか。現在クラウド上で動かしているそのシステムは、なぜそのクラウドベンダーを選択したのでしょうか。

　オンプレミスおよび複数のクラウドサービスの中から、そのクラウドベンダーを選択し、その中で展開されている各種サービスの中から、実際にそのサービスを使用すると決めた理由とは何か。それは、そのシステムに求める機能要件、非機能要件その他様々な観点を鑑みて、その選択肢からメリットとデメリットを評価して決定したはずです。なぜそんなことをする必要があるかといえば、クラウドベンダー各社は、全く同じものを提供しているわけではないからです。各社にはそれぞれのサービスの根底にある哲学・思想があり、それを踏まえつつ機能を開発・提供しています。クラウドベンダーごとのサービス機能の評価・比較を通じて、その思想・哲学もまた評価していることになります。そしてそのクラウドベンダーの思想・哲学に乗ることで、メリットを享受できるわけです。

　このことを踏まえずにマルチクラウド化を進めようとすると、自社に合うクラウドベンダーの長所はもう一方のクラウドベンダーには存在せず、最大公約数的な選択を迫られて、これまで得られていたメリットの一部は得られなくなります。場合によっては「そもそも何のためにそのシステムをクラウド上に構築することにしたのか」の根幹が揺らぐことにもなりかねません。

　もう少し具体的な例を上げましょう。「クラウドベンダーが提供するマネージドサービスを活用することで、運用面での人的負担を減らし、運用負荷にとらわれていたメンバーのリソースを新しい価値を生み出す開発に充当したい」として、その要件を最も満たすクラウドベンダーのサービスを採用したシステムがあったとします。これをマルチクラウド化するに当たって、クラウドベンダーをまたがったマネージドサービスは現状存在していません。そこで、これまで採用していたマネージドサービスを捨てて、両方のクラウドサービスが共通して提供している仮想マシンベースのサービスを使うのか、あるいは、両者の類似のマネージドサービスに載せるのか、といった選択を迫られることになります。

　「データベースの運用負荷を減らすために、AWS Relational Database Service（AWS RDS）を採用した」というケースが最もわかりやすいでしょう。これをAzureとのマルチクラウドにするには、AWS Elastic Compute Cloud（AWS EC2）と Azure Virtual Machines（Azure VM）に DBMS をセットアップしつつ、

レプリケーション設定とフェイルオーバーのための仕組みを独自に構築し、双方のバックアップとリストア、リカバリーの仕組みする行う必要があります。

　データベースが PostgreSQL や MySQL、SQL Server であれば、AWS、Azure 双方でマネージドサービスを提供していますので、ひと手間加えればクラウドをまたぐ可用性の高い構成が組めるかもしれません。しかし Azure は Oracle のマネージドサービスは提供していませんから、この時点で RDBMS マネージドサービスを利用する選択肢は捨てることになります。その結果、クラウド移行前に課題であった「データベース運用負荷」が復活することになります。

　同じ RDBMS のマネージドサービスを提供していたとしても、同じバージョンを提供しているとは限りませんし、そのリリースサイクルもクラウドベンダーによって異なります。そのためシステムの構築時点で選択可能なバージョン、および運用保守におけるバージョンアップ計画にも制約が出てきます。ここに Oracle Cloud（RDBMS のマネージドサービスは Oracle と MySQL のみ）や Google Cloud（PostgreSQL、MySQL、SQL Server）が加わると、さらに条件は厳しくなります。

　最近流行のコンテナアーキテクチャーについては、クラウドサービス自体が持つ思想・哲学に加え、コンテナ技術の思想・哲学が加わります。そのためシングルクラウドであってもその複雑さと向き合うことが迫られます。これをマルチクラウドで実現しようとすると、より複雑なものとなります。

　マルチクラウドでの高可用性構成が必要なシステムなのか、1 つのクラウドの中でマルチリージョンで取り得る高可用性で足りるのか。その場合に何がリスクになって、そのリスクが顕在化した場合にどのような対応が必要か、といったことを整理しつつ、コストに見合う着地点を模索しなければなりません。人的リソース、時間的リソースも有限ですから、どこに注力するのかの計画も重要です。

　あえて 1 つのクラウドに絞ってスキル強化を図り、そのクラウドの能力をできるだけ引き出す方針を取るのも 1 つの戦略です。組織の戦略として何を優先するのかという高度な判断が求められます。

　ここでは、データ基盤というテーマを越えたマルチクラウド全般の話に多くの紙面を割きました。こうした前提、制約を踏まえつつ、「データ基盤におけるマルチクラウド」に対峙する必要があることを理解しておいてください。

第5章

データ管理の体制づくり

5-1　データマネジメント組織とその役割・機能

専門組織で基盤を管理
トップダウンの決定は必須

企業内の抵抗勢力によってデジタル化が阻まれることは多い。部門ごとの個別最適の考え方が、全体最適の取り組みとは反するからだ。データ基盤の活用には、データマネジメントを推進する専門組織の創設が欠かせない。専門組織の役割や組織に必要な人材について説明する。

　現在、企業のデジタル化が急務となっています。デジタル技術によりビジネス構造を変革し、市場や顧客のニーズに素早く対応できる体制を整えるためです。しかし、全ての企業がデジタル化をスムーズに実現できるわけではありません。うまくデジタル化できない企業も散見されます。

　筆者らが関わった案件にも、デジタル化がうまく進まないものがありました。これには様々な原因が挙げられますが、組織が問題となっていることが少なくありません。システムに関する技術的な問題でなく、ユーザー企業内の政治的な問題や縦割り組織の抵抗勢力により、デジタル化が阻まれるといったことが起きるのです。

　データ基盤の設計や運用でも、同じことが言えます。このような政治的な問題や抵抗勢力の壁を乗り越えるには、トップダウンによる導入と組織改革が必要です。そこで5-1では、データ基盤を設計・運用する際の組織に焦点を当てて説明します。

データ基盤を管理する組織は2パターンある

　データ基盤やデータを設計・運用する取り組みは、「データガバナンス」と呼ばれます。企業に最適なデータ基盤やデータをデザインし、データの品質を維持する統制や管理を行います。

　データガバナンスで重要なのは、組織を横断した全体最適の取り組みとして行うことです。デジタル化が進むと業務プロセスが変化するスピードが上がります。

変化に強く、再利用性の高いデータと、それを保管するデータ基盤を維持するには、一部の業務プロセスだけに最適化したデータ設計にしてはいけません。企業内のある業務には最適だったとしても、別の業務には最適ではないといったことになるからです。

　では、変化の激しいシステム開発現場を統制して全体最適を実現するには、どうすればよいのでしょうか。その答えの1つが独立した専門組織の創設です。ここで、組織設計と運営の方法を考えてみましょう。

　データ基盤を管理する組織は、データ基盤の構成から大きく「分散型」と「統合型」の2つに分けられます（**図1**）。「分散型」は、縦割りのシステムでそれぞれにデータ基盤が存在し、システムごとに別々のチームが基盤を管理している状態です。

　一方の「統合型」は、1つのデータ基盤を複数のシステムが利用している状態です。1つのチームがデータ基盤を管理しています。また統合型は、IT部門に管理担当者を配置し、データ基盤を構築・運用するのは子会社や外部委託先ベンダーであるという場合もあります。

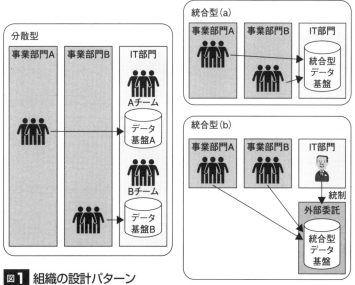

図1 組織の設計パターン

縦割り組織の場合は、システムやデータ基盤も「分散型」のように縦割りになることが多いです。国内企業に多く見られる状態で、データ基盤ごとにデータモデルやデータの定義が異なることも珍しくありません。

個別最適の考えがデジタル化を妨げる

データの最適化を妨げる要因は、大きく2つあります。1つは、縦割り組織が持つ個別最適の意識です。縦割り組織は、データ基盤の統合に難色を示します。データ基盤の統合には、システムの改修が発生するでしょう。担当者には既に個別最適を行ったので、改修は避けたいという思いがあります。このように縦割り組織には個別最適の意識が働いており、デジタル化で最も大切な全体最適の意識が欠けているのです。

基本的に企業のデジタル化とは、企業の持つデータを生かした新しいビジネスの創出や、業務効率化やコスト削減などによる全体最適を指します。デジタル化の実現には、縦割り組織にとらわれることなく、会社全体の利益を考えなければいけません。

しかしながら、一般的にシステム部門の担当者は自らが担当しているシステムが正常に稼働すること、利用者にとって有益なシステムであることを目的としています。現場では担当システムの利用者側から細かな要望も届きますし、限られた予算の中でどこまでやるかといったことが主眼となることが多いです。そのため、担当しているシステムが会社全体にとして見たときに、どのような設計にすることが最も望ましいかといった視点は持ちにくいのが現状です。

要因の2つめは、全社的にデータ処理を集約することが難しいということです。データ基盤の処理については、大きく4つ「収集」「蓄積」「加工」「利用」あるということは第4章で説明しました。多くの種類のデータを集め利用しようとすることはデジタル化の第一歩となりますが、データは収集、蓄積するだけではだめで、そこからデータを利用しやすいように加工しなければいけません。

データの加工については色々な方法がありますが、例えば、結合や集約を行おうとしたとき、キーとなる情報が共通化されていないと、正しくデータを処理できません。

簡単な例でいえば、ユーザーの購入履歴情報から、商品ごと、市区町村ごとに

どれくらいの収益が上げられているか集計したい場合、商品コードや市町村コードで結合・集約します。しかし、集めたデータを市町村名で結合しようとしたところ、別々のコードを使っているシステムがあり、簡単には結合できないとしたらどうでしょうか。一部のデータを集計しただけではデータに偏りが発生してしまい、正確な予測が立てられないかもしれません。そのようなデータの状態では、デジタル化を進めることは難しいです。

日本企業によく見られる縦割りの組織では、システムのデータ基盤も分散して構築されていることが多いです。データを共有しようとしても、それぞれのデータ基盤に独自ルールがあり、そのルールにのっとってデータが管理されています。

縦割り組織は、データを扱うルールが異なることが多く、データ基盤を抱える企業の大きな課題の1つとなっています。　これらの課題を解決するには、データ基盤を中心に考える組織を作ることから始めます。データ基盤を専門的に考える組織を筆者らは「データマネジメント組織」と呼んでいます。

データマネジメント組織に必要な人材

一般的なシステム開発では、プロジェクトマネジャーやアプリケーションエンジニア、インフラエンジニア、データベースエンジニアといった人材が配置されるでしょう。プロジェクトの進捗を管理するのはプロジェクトマネジャー、Web

表1 データマネジメント組織の人材

役割	詳細
オーナー	トップダウンによるデジタル化推進の意思決定を行う。主にCIO、CDOが担当する
マネジャー	プロジェクト全体を管理する
データスチュワード※	データ統合による業務側の課題全般に対処する役割を担う。また、データ発生源で、誤ったデータや品質低下を招くデータの混入を防ぎ、データの品質を保証する
データエンジニア	データ基盤の設計・構築・運用、データフローの設計・構築・運用を担当する
データサイエンティスト	データの分析や経営課題解決案の提示、新しい価値の創造を担当する

※ 一般的に定義されているデータスチュワードはデータ品質の保証に限定されている。ここでは業務に深く入り込んでデータに関わる問題解決などのアクションまで行うといった広い役割を掲載している。

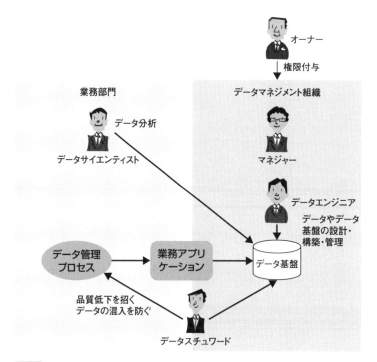

図2 データマネジメント組織の概念図

画面を構築するのはアプリケーションエンジニアといったように、それぞれ役割
があります。

　データマネジメント組織も同じです。専門の役割があります。主な役割を**表1**
に示します。組織体制のイメージが**図2**です。では、それぞれの役割を詳しく見
ていきましょう

・**オーナー**

　企業のデジタル化を推進すると、必ず抵抗勢力が現れます。このような抵抗勢
力を抑えるには、トップダウンによる意思決定が不可欠です。この役割を担うの
がオーナーです。主に、CIO（最高情報責任者）やCDO（最高デジタル責任者）
が担当します。

・マネジャー

　データマネジメント組織を管理する役割を担います。複数の業務部門やシステム担当チーム、経営層など、ステークホルダーが大勢いるので、マネジャーの負担はとても大きなものになります。マネジャーは、業務部門やシステム担当チームの責任者と頻繁に調整しつつ、データガバナンスを進めていきます。

　経営層に向けて予算取りを提案する際には、いかにメリットがあるかということを数字にして示さなければいけません。マネジャーはデータガバナンスを利かせられるか否かのカギを握る中心人物です。人選には、特に注意を払いましょう。適任なのは、社内の人脈が豊富で、周りから一目置かれる人物です。このような人材には、権限が及ばない相手を動かす影響力があります。困難な役割なので情熱があることも大切です。

・データスチュワード

　筆者らが考えるデータマネジメント組織の中で、最も重要な役割がデータスチュワードです。データスチュワードは業務部門に入り込み、データ発生や変更のプロセスに注目して、誤ったデータや品質低下を招くデータの混入を防ぎます。

　新たなデータ基盤にデータを統合するには、既存の業務アプリケーションに影響が出ます。業務側の視点で影響範囲の把握や対応策の検討を進め、スムーズなデータ統合を実現するのもデータスチュワードの重要な役割です。

　また、データの品質を保証するという作業も担当します。例えば、人が手入力でデータを入力する画面があったとします。このような画面設計は、ユーザーのミスで誤ったデータが混入してしまうかもしれません。データスチュワードは、ミスを自動で発見し、誤ったデータの混入を防ぐ機能を組み込むように現場に働きかけます。

　このように業務プロセスに入り込むため、データスチュワードにはITの知識だけでなく業務の知識も求められます。外部のITベンダーに任せるのが難しい重要なポジションと言えるでしょう。

・データエンジニア（データベースエンジニア）

　データとデータ基盤、データフローの設計・構築・運用を担当します。データ

ガバナンスの「計画と設計」において重要な役割を担います。

　データマネジメント組織の他のメンバーと協力して、全体最適を目指してデータを設計します。システムだけに関心を持ち、データの内容に興味がないエンジニアには、データエンジニアは務まりません。データ基盤の機能や非機能を定義して、デザインする作業も担当するため、専門性が高く、幅広い技術スキルが必要です。新しい技術への好奇心が強く、勉強熱心なメンバーが適任でしょう。

　ですが、利用するプラットフォームや製品の技術スキルは移り変わりが早く、常に高いスキルを維持するのは多くの組織にとって難しいのが現実です。利用技術の統制と標準化ができていれば、実務はベンダーに任せてもよいでしょう。

・データサイエンティスト

　データを分析して仮説検証を行い、新しい価値の創造や課題解決案を提示するのがデータサイエンティストの役割です。データガバナンスの「実装と維持」において重要な役割を担います。データ基盤の主要な利用者になり、オーナーの意思決定をサポートします。データサイエンティストには、情報処理のスキルだけでなく、経済学や経営知識などの専門知識も必要です[1]。

　以上、データマネジメント組織を構成する人材について説明しました。オーナーやマネジャー、データスチュワード、データエンジニア、データサイエンティストといった役割がきちんと存在していれば、データマネジメント組織として十分に機能します。必ずしも役割ごとに人材を割り当てる必要はありません。兼務することも可能です。

データマネジメント組織を創設する5つのポイント

　データマネジメント組織の構築に当たり重要なポイントが5つあります。それが「データスチュワードの存在」「適材適所な人員配置」「スモールスタート」「全体最適化」「トップの強いコミット」です（**図3**）。順に説明していきましょう。

[1]
業務部門にはデータを扱う多くの利用者がいますが、本書はデジタル化を支えるデータ基盤をテーマにしているので、特に大きな役割を持つデータサイエンティストを代表的な利用者として挙げています。

データスチュワードの存在

「データスチュワードの存在」から説明します。データマネジメント組織で最も忘れられがちな存在がデータスチュワードです。

デジタル化の目的は、業務プロセスの改革や新しいビジネスを作り出し、企業の競争優位性を確立することです。業務部門に入り込むデータスチュワードは、業務プロセスを改革したり、新しいビジネスを作り出したりするためにも、既存の業務に対して競合他社での取り組みも含めて幅広い業務知識を備えていなければなりません。

IT 部門の人間が業務部門に入り込んで業務上のデータ管理のプロセスをより良く改革しよう、全く新しいものに変革しよう、という試みは残念ながらめったに行われません。縦割り組織では、業務部門と IT 部門が異なる部門となり、お互いに干渉することを避けてしまうからです。

そこで、データマネジメント組織におけるデータスチュワードの役割が重要になります。データスチュワードは、業務部門に入り込んでデータに関する課題解決をミッションとしています。データスチュワードのポジションがあるというこ

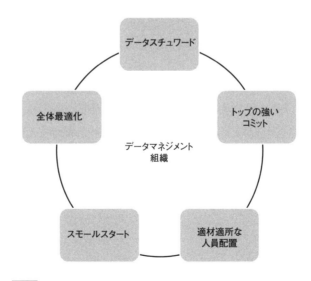

図3 組織を創設する際の5つのポイント

とを関係部門に周知するのがトップの務めです。このような施策により、データ
スチュワードが業務部門でのデータ管理プロセスへ関与する大義名分が生まれる
のです。

適材適所な人員配置

　続いて２つめのポイント「適材適所な人員配置」が重要な理由を説明します。
筆者らが実際に様々な案件に関わった経験からすると、データマネジメント組織
が十分に整っている企業は非常に少ないと感じています。しかも、デジタル化を
始めるに当たって、部門間の調整が苦手なエンジニアがマネジャーであったり、
データスチュワードがアサインされずにデータ品質の管理をどの部門で受け持つ
のかが明確になっていなかったりする組織が多くありました。

　このような現場は、データ基盤の構築と利用が進みません。結局、データサイ
エンティストが品質の低いデータの前処理に専念せざるを得ない状況になりま
す。これでは、データサイエンティストに過剰な負担がかかり、デジタル化の取
り組みが遅延するリスクが高くなるでしょう。

　解決には、役割に適した人材を適所に割り当てる必要があります。その意思決
定ができないようであれば、企業のデジタル化をスムーズに進めることは難しい
と言えます。

スモールスタート

　３つめのポイントが「スモールスタート」です。先ほど、適材適所な人員配置
が重要だと説明しました。ですが、いきなり必要なスキルを持つメンバーを必要
な人数をそろえるのは困難です。新しい取り組みですので、デジタル化に関わる
ことになるエンジニアにとっても、新たなスキルや方法論を身につけながら試行
錯誤して作業を進めていきます。最初は難易度の低いテーマを設定して、ノウハ
ウを獲得しながら徐々に対応する範囲を広げていくのが得策です。

　そこで、データの集約がしやすく、かつ成果が見えやすいテーマを選んでデー
タの範囲を絞り込みます。例えば、デジタル化に取り組む分野に合わせる、また
はデータ基盤が分散されているために非効率になっている業務の改善を目指す、
といった具合です。そして、成果を出しつつ徐々に範囲を広げ、人員や予算も確

保していきます。本格的にデジタル化に取り組む日程が見えていて、ノウハウが足りないという場合は、先行して技術や事例の調査を始めておくことをお勧めします。

全体最適化

　4つめのポイントが「全体最適化」です。全体最適化と言葉で言うのは簡単ですが、実施するのはとても大変です。筆者らの実体験を踏まえて全体最適化の方法を説明します。

　まず、データ基盤の統合において重要なのは、「個別のシステムで考えるのではなく、全社的な視点でデータ基盤統合のメリットを数値化して示すこと」「全体最適化のデメリットとして、少なからず痛みを伴うことを覚悟すること」の2点です。

　デジタル化が進んで変化が大きくなると、プロセスやアプリケーションの変化も大きくなります。プロセスやアプリケーションに合わせてデータを設計していると、データの変更に大きな時間とコストがかかるようになります。データは全社レベルで一貫性のあるものとして、再利用できるようにするとデジタル化が進展しやすくなります。データ中心で最適化することのメリットは非常に大きいと言えます。

　しかし筆者らがこれまで関わってきた現場を振り返ると、全体最適化を考慮してデータを管理していたところは本当にまれでした。むしろ、システムごとに別々のマスターを持ち、別々にデータを管理しているところが一般的です。別々のシステムでデータを管理していると、その中身も微妙に変わってきます。

　筆者らが関わったある企業の例を紹介しましょう。その企業が持つAシステムでは、住所が「県名」「市区町村」「番地」「ビル名、詳細」と分かれているのに、別のBシステムでは「県名」「詳細」になっていました。

　そこで、システムを全体最適化するために、データ基盤を「県名」「市区町村」「番地」「ビル名、詳細」に統合するとしたのです。すると、Bシステムの担当者が反対します。その形式だと、「業務アプリケーション側で住所表示の改修が必要になるので大変だ」と言われてしまったのです。別システムで更改が控えていて時間が取れないと言われることすらありました。

　このように、各システムにはシステムごとに都合があり、データ管理のルールが存在します。データ管理のルールは個別に最適化されていて、全体最適化しようとすると、必ず双方のシステムで改修が発生します。

　現場レベルの担当者間だけで調整するのは非常に困難です。

　実際には、データ管理部門でゴールデンレコードを定めるが、移行期に関しては個別システム側で異なる形式のデータを持つことを許容するといった形もあります。ここに正解はなく、実装方式は企業やシステムによって何通りも考えることができます。その中からメリット・デメリットの比較検討を行い、実装を決めていくのがデータスチュワードやデータエンジニアの役割です。一番大切なのは、データマネジメント組織、個別システム、その両者がぶつかり合うことではなく、お互いに協力しながら会社のためにデジタル化を進めていくことです。

トップの強いコミット

　最後に最も重要なのが「トップの強いコミット」です。2018 年 9 月に経済産業省が公表した「DX レポート」を読んだ人は多いのではないでしょうか。レポートでは、デジタルトランスフォーメーションを実行しようとする企業の中でシステム刷新の判断をした企業は、必ずと言っていいほど経営層の強いコミットがあると述べられています。

　各事業部門が抵抗勢力となって前に進められない場合に、その反対を押し切ることができるのは、経営のトップだけです。これが 5 つめのポイントである「トップの強いコミット」に相当します。

　ただし、経営層であっても無条件に意思決定することはできません。きとんとした根拠、裏付けがなければ、強い意思決定はできません。そのために必要な情報が " 数字 " です。

　例えば、意思決定に必要な情報として、「現状の個別最適化された状態を続けることで生じる費用」「全体最適化に掛かる費用」「全体最適化で得られるメリット」などを算出しなければなりません。これらを具体的な数字で示し、トータルで会社にとってプラスになることを理解してもらう必要があります。

気持ちや熱意を伝えることも大事ですが、経営層に対しては、まず数字で根拠を示すことが大前提です。経営層が効果を認めて初めて、トップダウンで意思決定

できるようになります。

データ資産を絶えず最適化

　現在は、既存のデータ基盤から新しい形のデータ基盤に変化している過渡期に当たります。筆者らにも縦割りの組織で作られた分散型のデータ基盤からクラウドサービスのオブジェクトストレージを利用したデータレイク型のデータ基盤へと移行したいという相談が増えています。

　データ基盤の形が変わっても、データマネジメント組織の基本的な役割は不変です。デジタルトランスフォーメーションで成果を出し続けるには、データという資産を絶えず最適化していく営みが欠かせません。まず組織を構築し、腰を据えて取り組むことをお勧めします。

5-2　データマネジメント組織づくりの実践

個別最適では失敗する
専門組織でデータ統合を支援

社内のデータを活用したいという目的を掲げていても、理想とするデータ基盤を構築するのは容易ではない。組織ごとの個別最適を崩せないなど、大きな課題があるからだ。トップダウンで実践する必要がある。デジタル化に取り組む企業の仮想シナリオを例に、データマネジメント組織づくりの実践を解説する。

　5-1 では、企業におけるデータマネジメントを推進する専門組織の役割や機能、必要な人材について解説しました。ここでは太陽光発電装置を販売する D 社におけるデジタルマーケティングの取り組みを例に、データマネジメント組織の整備や運営を実践するときのポイントを見ていきましょう。

太陽光発電販売会社D社のデジタルマーケティング

　D 社は主に太陽光発電装置の販売を担う営業部と、施工を行う工事部で成り立っています。営業部は個人や企業にアプローチして、太陽光発電装置を設置するための契約を取ります。工事部は契約した顧客の所有する家の屋根や、マンション、アパートなどの屋上へ太陽光発電装置を設置します。顧客が企業などの場合は大型契約となり、広大な土地に 1000kWh 以上の規模のメガソーラーを設置することもあります。

　営業担当者の日々の仕事は、新規の契約を取ること、既存顧客との関係を良い状態で継続させ紹介を得ることです。これまではポスティングやテレアポといった地道な営業活動を続け顧客を増やしてきました。

　また、時には各地域に存在する中小の太陽光発電販売会社を吸収合併し、全国規模の企業になるまで成長してきました。事業規模の拡大に伴い、効率化のために本部機能を集約したホールディングス会社を設立しました。工事部門を分社化し、営業部門を西日本と東日本に分社化しました。

D 社の事業規模と事業構成

　D 社は全国に 50 店舗ほどの営業支店を抱えます。企業の成長過程で買収した関連会社も存在します。従業員数は子会社も含めると 3000 人に及びます。

　D 社の企業構成を**図 1** に示します。ホールディングスには、総務部、経理部、人事部、情報システム部、マーケティング部があります。このマーケティング部が今回のデジタル化の主役となります。そのほか、西日本営業会社、東日本営業会社、子会社（大半が営業組織）、工事会社から成ります。情報システム部は、会社全体のシステムの運用管理を中心に担っています。

D 社の目指すデジタル化

　今後 D 社は、デジタルマーケティングによって、利益率が高く開拓余地が大きいと考えられている法人契約の増加を目指すことにしました。ここで言うデジタルマーケティングとは、例えば、ソーラーパネルの展示会に集まった人の個人情報や Web からの問い合わせなど、様々なキャンペーンの反響、現場の営業担当者が得た営業情報、アプローチ回数、営業担当者が感じている顧客の感度や温度感などの情報、そしてオープンデータまでを多角的に分析し、更なる契約を増や

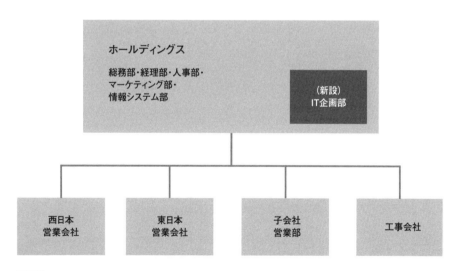

図1 D 社の企業構成

すための営業戦略、キャンペーンの企画立案などに役立てることを目指します。

　そこでデジタルマーケティングを実行するためのシステムを構築する役割を担って新しく設立したのが、IT 企画部です。情報システム部は、長らく事業部門である営業会社、子会社、工事会社からの要望を受けて既存システムを改修、安定運用するスタイルで、自ら事業を変えていく意識が強いとは言えませんでした。全く異なる役割を果たすために、IT 企画部を新設することにしたのです。

　IT 企画部には、情報システム部から適性があると判断されたメンバーと、中途採用されたメンバーが配属されました。中途採用されたメンバーには、これまで D 社メンバーが持っていなかったデジタル化のスキル、ノウハウで貢献することが期待されました。

　IT 企画部の主な業務内容はデジタル化に関するプロジェクトの企画と実行です。今回のテーマはデジタルマーケティングなので、ホールディングスのマーケティング部と最も緊密に協力して進めていきます。

IT 企画部の組織構成

　IT 企画部のメンバーは、マネジャー1 人、データエンジニア2 人としました。役割としては、マネジャーがデジタルマーケティングのプロジェクトマネジャーとなり、データエンジニアの2 人がデータ基盤の設計・開発に当たります（図2）。

　これから実施するデジタルマーケティングでは、グループに散在しているあらゆるデータを集めて、複数の部署での利用を促進します。営業会社、工事会社、情報システム部、経営層など、ステークホルダーが大勢いますので、IT 企画部のマネジャーには、権限の及ばない相手を動かして合意形成していく資質が求められます。そこで情報システム部の中から、事業を変革していく意欲とアグレッシブさがある社員が選ばれました。

　この社員は D 社での社歴が長く、各部署のキーパーソン、経営層との信頼関係を築いていることも適任と判断された理由でした。マネジャーには、社内調整をしながらデジタルマーケティングに有効なデータ基盤構築のプロジェクトを成功させることが期待されました。

　それでは、具体的にデジタルマーケティングの対象のデータがどのようなものかを見ていきます。

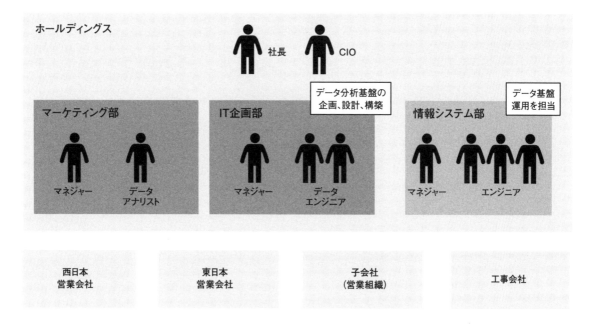

図2 D社 デジタル化に関連する組織

デジタルマーケティングの対象データ

　D社には営業担当者が2000人おり、会社から支給されたタブレットに日々営業情報を入力しています。また、定期開催される各地のキャンペーンで集まった人々の情報や、Web広告の情報、工事関係の情報も集まります。そして、オープンデータの活用もD社では初の試みとなります。

　扱う主なデータ内容は以下の通りです。

・顧客情報（契約企業名、契約企業ID、契約担当者、Email、TEL、住所）※見込み顧客の情報も含む
・営業関連情報（売上金額、契約年数、来期予算、アプローチ回数、顧客の感度、クレーム履歴など）
・工事関連情報（地域、場所、設置方式、工事周辺の情報など）

・オープンデータ（政府統計の全国消費実態調査、気象情報など）

　将来的には Twitter や facebook、SNS データも分析対象に広げる予定です。

D社のデータ基盤の特徴

　D社ではホールディングス設立時に、本部機能集約のため、人事、会計といっ
たバックオフィス系のシステムは統一していました（**図3**）。一方で、営業管理、
顧客管理のデータ基盤は、東日本営業会社と西日本営業会社向けに分かれていま
す。東日本と西日本の営業部は、もともと異なる会社が合併している経緯があり、
個人情報を含む営業情報の共有は実現できていません。また、ライバル意識が強
く、仲が悪いという文化的背景もあり、統合・共有が進んでいませんでした。そ
して、子会社の営業部は、買収される前から使っている Excel などでのデータの

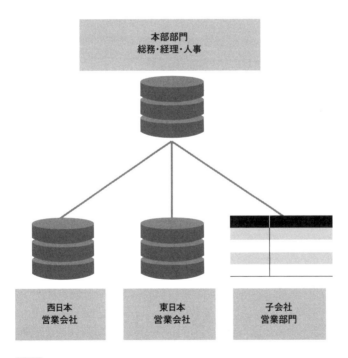

図3 D社のデータ基盤

管理を続けており、システム化されていませんでした。

目標とするデジタルマーケティングのシステム構成

　D社のIT企画部で考えたデジタルマーケティングのシステム構想図が**図4**です。西日本営業会社、東日本営業会社、子会社営業、それぞれの情報をデジタルマーケティングのデータ基盤に集約します。

　一番の課題は、西日本営業会社と東日本営業会社のシステムに対して、データを名寄せ、統合できるようにするためにデータ項目や管理方法の統一をする必要があることです。大きな改修となり、いかに実行するかがこのプロジェクトの成功の鍵でした。

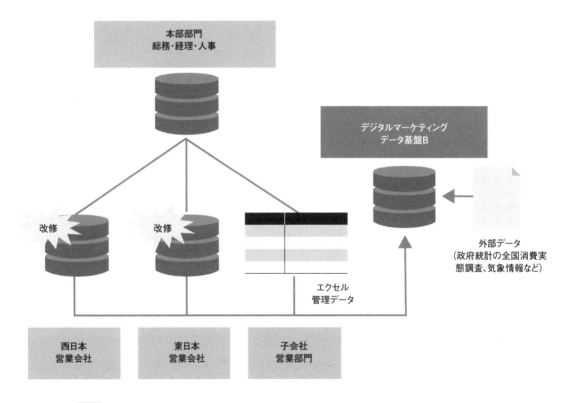

図4 デジタルマーケティングのシステム構想図（目標とする形）

最初に構築したデータ基盤

　しかし営業組織を主体とする企業であるD社は東日本営業会社と西日本営業
会社の力が強く、IT企画部の構想では合意を取れませんでした。苦労して集め
たデータを渡すこと、システム改修コストを持つことへの抵抗が主な要因でした。
やむなく、東日本営業会社と西日本営業会社のそれぞれのデータに、外部データ
を統合したデータ基盤を構築して、東西それぞれでデジタルマーケティングの施
策を実施することにしました。

　完成したデジタルマーケティングのデータ基盤構成が**図5**です。デジタルマー
ケティングのためのデータ基盤が2つに分かれてしまい、内部のデータを共有す
ることはかないませんでした。地域的な広がりを持って活動している企業に関す
るデータは東西のデータ基盤で分割されることになります。データを統合して活
用できなければデジタルマーケティングの効果は減少してしまい、思うような効
果を得ることはできませんでした。

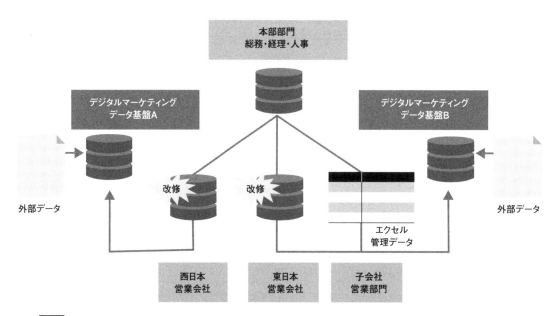

図5 デジタルマーケティングのシステム構成図

トップダウンで再構築されたデータ基盤

　企業のデジタル化は、ライバル企業との競争に打ち勝つために、誰もがやりたいと考えていました。それでも自分たちの部門を優先する個別最適の行動が妨げになることは、残念ながらよくあることです。

　D社の経営層は、デジタル化によって業務変革を起こすには、より強い関与が必要と考えるようになり、トップダウンで統合されたデータ基盤を構築する方針を出しました。そのための既存システムの改修費用についても、ホールディングスが負担することとしました。

　トップのコミットが弱いことは、日本企業のデジタル化の一番大きな課題と言われており、経済産業省が2019年に公表したDXレポート[*1]でも触れられています。複数の部署の利害を大きく左右する施策は、トップの指示とバックアップがカギになります。

　D社のIT企画部でも、失敗の原因を分析していました。トップのコミットとは別に、現場レベルでのフォローが足りないことも実現性を阻む原因と捉えました。実際にデータを統合するために、データ項目や管理方法を統一する的確な方法を東西の営業会社で考えることができておらず、改修のリスクやコストを過大に評価していたからです。情報システム部はシステムの安定性を確保する運用は得意ですが、システム上でデータを扱うのは利用部門と考えており、有効な支援ができていませんでした。

　そこでデータを扱うプロであるデータマネジメント組織が、直接利用部門を支援することでデータの統合を目指す計画としました（**図6**）。東日本営業会社、西日本営業会社にデータマネジメント組織からデータスチュワードを派遣します。IT企画部は少人数の組織で専任で用意することはできません。データエンジニアが、データスチュワードの役割を兼ねることにしました。

　このデータスチュワードは現場でデータの発生源やデータの特徴を把握し、システムの内外にわたってデータの不備や欠損がないよう調整することが主な役目

---

*1
2019年に経済産業省のデジタルトランスフォーメーションに向けた研究会から発表されたもの。日本企業を対象に実施したアンケート調査の結果から、日本企業におけるデジタルトランスフォーメーションの課題を浮き彫りにしている。

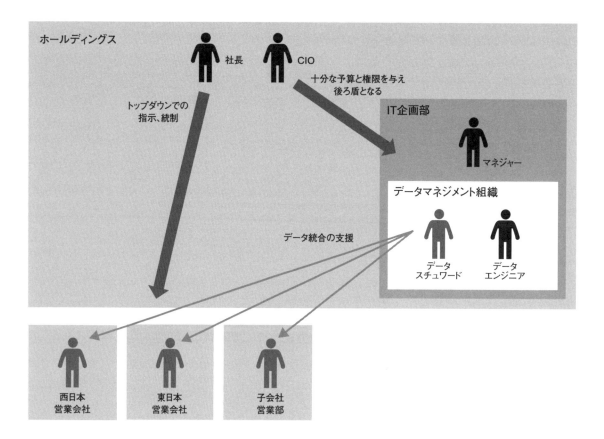

図6 IT企画部の組織図

です。また、データ基盤の統合のためにどのような改修が伴うのか現場のエンジニアと意見交換を行い、データマネジメント組織に還元する役割も担います。

　ここでは、マネジャーだけでなく、現場の担当者も巻き込むことが大切です。現場に入り込み、他部署に仲間を作って協力を得るための下地を作ることができれば、調整もしやすくなります。そうすることで、マネジャー間で、データ基盤の統合に向けて話が進められるようになりました。

　図6のように、組織の上からは「CIOからIT企画部に権限と予算を与える」、組織の下からは「データスチュワードが現場を支援する」というように、デジタ

ル化を進めるために必要なアクションができるように、データマネジメント組織
を作る工夫をしました。その結果、当初の構想通り、図4で示したデータ基盤を
構築することができました。

　D社では、デジタル化のためのデータ基盤構築は、トップの強いコミットと、
現場の協力の両方があって初めて成功するものだと痛感しました。

データマネジメント組織を5つのポイントで振り返る

　5-1では、データマネジメント組織の5つのポイント「データスチュワードの存
在」「適材適所な人員配置」「スモールスタート」「全体最適化」「トップの強いコミッ
ト」を解説しました。D社における「トップの強いコミット」については前述の
通りです。そのほかの4つのポイントについても、D社のシナリオではどのよう
に考えるべきか、解説します。

データスチュワードの存在

　D社の例では、現場レベルでのデータに関する問題解決を支援する役割として
活躍しています。もしデータスチュワードがいなかったら、トップからの指示で
あっても現場がうまく回らずに、質の良いデータ基盤を短期間で作るのは難しい
でしょう。

適材適所な人員配置

　一番重要なのがマネジャーです。マネジャーには経営層にデジタルマーケティ
ングの効果を数字で示して、予算を勝ち取るといった役目があります。能力があ
り、社内でも調整力にたけた人物を選ぶ必要があります。現場に送り込むデータ
スチュワードはコミュニケーション能力が高く、業務への知識も深いものが必要
です。特に、このマネジャーやデータスチュワードは社内の人材にしか担えない
ポジションです。

　データ基盤の設計を中心になって考えるのがデータエンジニアです。データに
対する専門知識やシステム構築の経験が必要です。データエンジニアに関しては、
専門性のある外部のベンダーに任せることも可能です。

スモールスタート

　データ統合する範囲を広げるほど難易度は上がり、予算も大きくなります。D社では、顧客、営業といった、成果が見込めそうな範囲に絞ってデータの共有やデジタルマーケティングを実施するところから始めました。

　最初は小さくとも、結果を出すことが大切です。デジタル化の成果が出るにしたがって、追加予算を取ってデータ統合する範囲を広げていき、新たなデジタル化に取り組んでいくと進めやすいです。デジタル化でのデータ基盤は、スモールスタートに向いていると言えます。

全体最適化

　本来であれば、東西の営業会社向けシステムを1つに統合してからデジタルマーケティングのデータ基盤を構築するのが最適です。しかしそれではデジタルマーケティングに取り組む時期が遅くなってしまいます。競争にさらされる中で、早く試行錯誤を繰り返して成果に結びつけることが求められます。D社の場合は、システム構成的なあるべき姿よりも、デジタル化という目的に対しての最適解を求めた結果と言えます。

　ただし、データが統一されておらず、常に名寄せとクレンジングが必要な状態だと、デジタル化を繰り返していったときにオーバーヘッドが積み重なり、コストが高くつきます。長い時間軸で考えて、データ統合を進めていくことも全体最適化のためには必要です。

ボトムアップで始めるデジタル化

　D社のデジタルマーケティングを成功させるためのデータマネジメント組織では、予算も人数も多く割くことができています。では、そこまで予算もかけられないし、トップのコミットも得られない場合はどうすればいいでしょうか。

　現実問題として、これから成果が出るかどうかわからないデジタルマーケティングに対して、そこまでの多くの人員を割いてもらえないことの方が多いと思います。トップの強いコミットが得られず、限られた予算の中で、現場レベルで何とかしなければいけない場面もあるのが現実です。

　このような場合に、D社の例ではどのようなことができるでしょうか。1つの

方法としては、新設した IT 企画室のマネジャーと、各営業部のマネジャー陣の中で最もデジタルマーケティングに積極的な人とで協力し、その権限の及ぶ範囲内でデジタル化に向けたプロジェクトを開始することです。

　まさにスモールスタートの 1 つの形態で、そこから徐々に成果を上げていき、横展開し、予算を獲得しながらプロジェクトを大きくしていく、という方法です。スモールスタートから少しずつ成功を積み重ねていく過程で、トップの経営層からも強いコミットを得られるかもしれません。そうなれば、トップダウンで全社的にデジタルマーケティングを進められるようになります。

おわりに

アクアシステムズ 川上 明久

最後まで読んでいただき、ありがとうございます。アクアシステムズはデータ、データ基盤専門の会社として新規性の高いプロジェクトに参加することが多くあります。それぞれのプロジェクトには特有の要求や社内事情があり、どれも特徴的ではあるのですが、広く参考になるような、一般的、普遍的な設計パターンや考え方が存在すると考え、本書で紹介しました。

データ基盤は、クラウド技術の進展と、デジタル化の両方から大きな影響を受ける領域です。その意味で、データベースエンジニアは専門職でありながら時代の変化に触れられる職種と言えると思います。この変化の中で仕事ができることを幸せに感じつつ、また変化に追われつつ、学んだことを今後も発信していきたいと考えています。

アクアシステムズ 小泉 篤史

これからの日本の発展を支える重要な要素の一つが、まさにデータ活用だと私は考えています。エンジニアができることは、ただ言われるがままに、データ基盤の運用や保守をすることだけではありません。最新のクラウドサービスや新技術をキャッチアップしつつ、データの幅広い活用方法を模索し続けなければいけません。私は、日本の発展に貢献できるよう、これからも精進してまいります。

また、アクアシステムズに入社して2年と経過していませんが、このような執筆の機会を頂けたことに感謝を申し上げます。

アクアシステムズ 大嶋 和幸

データ基盤の構築に必要な要素は多岐にわたり、それぞれ猛スピードで進化しています。その進化のキャッチアップに追われながらプロジェクトに取り組むことも多く、こうしてパターンを整理してまとめる機会はそう多くはありません。このたび、データ基盤構築の技術、人的要素を整理し、それを世に送り出す機会を得られたこと、大変うれしく思います。本書がデータ基盤の構築に取り組まれる方々のお役に立つことができれば幸いです。

執筆にあたりお世話になった編集部の方々、上司、同僚、家族、そして、多くの技術情報を公開されているクラウドサービス事業者、プロダクトベンダー各社、各種コ

ミュニティー、個人のすべての方々に感謝いたします。

アクアシステムズ　石川 大希

　本書の執筆に関わることができ、大変感謝しています。執筆中のご指導はもちろんのこと、執筆以前からのさまざまな経験があったために、今回参加することができたのだと感じています。これまでに関わっていただいた皆様にも感謝の限りです。ありがとうございました。

アクアシステムズ　堀 善洋

　データ基盤の発展は、携帯端末や AI の進化と深い関係があります。おかげで、仕事も生活もどんどん便利になりますし、これからも進化は続くでしょう。それはつまり、昔と比べ短い時間で目的が簡単に達成できるようになっているということです。しかし、AI の進化と聞くと人の仕事が奪われてなくなることを懸念する記事をよく見かけます。便利を追求する一方で、不便がなくなるのは嫌だと言っているようにも聞こえる。便利になるのであれば、もっと少ない労働時間で十分暮らせる社会になってほしいし、なるべきだと思っています。

　こんなことを考えながら、今も毎日忙しく働いています…。最後まで読んでいただきありがとうございました。

アクアシステムズ　角林 則和

　まず最初に、本書を手に取っていただいた皆様に感謝を伝えさせてください。本当にありがとうございます。

　膨大なビジネスデータを収集・蓄積・分析し活用していくことは、どんな分野においてもサービスの発展に不可欠なものとなりつつあります。我々の生活におけるデータの利用量の増加・使用シーンの広まりにより今後より一層、データ統合基盤の構築ニーズは増えていくでしょう。データ分析・基盤構築に携わる方にも、これから取り組もうとされている方にも、本書がお役に立てれば幸いです。

　最後に、本書を出版できたことに対して、これまでお世話になったすべての方々に謝意を。ありがとうございました。

索引

著者紹介

川上 明久（かわかみ あきひさ）　アクアシステムズ 執行役員 技術部長

大規模でミッションクリティカルなデータベースのモデリングや構築などのコンサルティング案件に多数の実績・経験を持つ。先駆者となるべく、データベースに関する先端技術を追求し、黎明期のころからクラウドに取り組む。データベース関連の著書やIT系メディア記事の執筆・連載、セミナー・講演も多数手掛け、急増するクラウド化への要望に対応できるエンジニアの育成や技術・スキル向上支援に力を注ぐ。

小泉 篤史（こいずみ あつし）　アクアシステムズ 技術部

アクアシステムズへ入社後、MDM（マスターデータマネジメント）案件に従事。グループ企業のデータ集約、マスターデータ基盤構築を経験。また、マーケティングサービスへAPI経由でのデータ提供を行うなど、運用責任者の傍らマスターデータ基盤の利活用支援や新規開発支援に携わる。

大嶋 和幸（おおしま かずゆき）　アクアシステムズ 技術部

SE、ITコンサルタントとしてCRM、HRM、BPRなどの各種案件に関与。その後、事業会社数社にて事業企画、総務、社内情報システム担当など多岐にわたる業務に従事。アクアシステムズ入社後は、各種データベースの導入や移行、性能改善のコンサルティング、およびクラウドインフラ導入支援に携わる。

石川 大希（いしかわ だいき）　アクアシステムズ 技術部

天才ハッカーが活躍する漫画に憧れてITに興味を持ち、サーバーエンジニアとしてIT業界に入る。現在は、データベースエンジニア。Oracle Databaseをメインに扱う。お酒とご飯が大好きだが、健康のために絶賛節制中。

堀 善洋（ほり よしひろ）　アクアシステムズ 技術部

2007年アクアシステムズに入社。DBA業務を9年間近く経験し、現在は小中規模プロジェクトの運用、パフォーマンスチューニング、コンサルティングに従事。クラウドとオンプレミスを問わず様々な構築経験がある。

角林 則和（かくばやし のりかず）　アクアシステムズ 技術部

2009年より某自動車メーカーのITソリューション・カンパニーでOracle Databaseの設計・構築・維持運用に関する業務を10年間担当。2019年にアクアシステムズに入社後は異種DB間のデータベース移行業務に従事。

クラウドでデータ活用！
データ基盤
の設計パターン

2020 年 8 月 5 日　第 1 版第 1 刷発行

著　　　者　　川上 明久、小泉 篤史、大嶋 和幸、
　　　　　　　石川 大希、堀 義洋、角林 則和
発 行 者　　吉田 琢也
編　　集　　日経クロステック
発　　行　　日経 BP
発　　売　　日経 BP マーケティング
　　　　　　〒 105-8308
　　　　　　東京都港区虎ノ門 4-3-12

カバーデザイン　　葉波 高人（ハナデザイン）
デザイン・制作　　ハナデザイン
印刷・製本　　図書印刷